五年制高等职业学校公共基础课程学案

数学学案（第一册）

东南大学出版社
SOUTHEAST UNIVERSITY PRESS
·南京·

图书在版编目(CIP)数据

数学学案.第1册/张跃东.林雅乾主编.-南京:东南大学出版社,2012.10(2014.9重印)
(五年制高等职业学校公共基础课程学案)
ISBN 978-7-5641-3783-0

Ⅰ.①数… Ⅱ.①张… ②林… Ⅲ.①高等数学-高等职业教育-教学参考资料 Ⅳ.①O13

中国版本图书馆CIP数据核字(2012)第236114号

五年制高等职业学校公共基础课程学案

——数学学案(第一册)

出版发行 东南大学出版社
出 版 人 江建中
社 址 南京市四牌楼2号(邮编:210096)
网 址 http://www.seupress.com
电子邮箱 med@seupress.com
责编电话 025-83793681
经 销 新华书店
印 刷 南京玉河印刷厂
开 本 787mm×1092mm 1/16
印 张 6.25
字 数 160千字
版 印 次 2012年10月第1版 2014年9月第3次印刷
书 号 ISBN 978-7-5641-3783-0
定 价 13.80元

《五年制高等职业学校公共基础课程学案》

丛书编委会

数学学案(第一册)

编写人员

主　　编:叶　翼

编写人员:(按姓氏笔画排序)

王海斌　许桂珍　张翠芳　闻　洁

程春梅

前　　言

语文、数学、英语课程是职业学校各专业学生必修的三门公共基础课程，是学习一切自然科学和社会科学的基础，是现代社会中学习和掌握其他学科知识的必备工具。掌握必要的语文、数学、英语知识，有助于提高综合人文素养、发展智力、提升职业素养和通用能力，为专业学习和终生学习奠定基础。

本套学案根据中华人民共和国教育部 2009 年颁布的《中等职业学校语文等七门公共基础课程教学大纲》及江苏省教育厅 2009 年印发的《江苏省五年制高等职业教育语文、数学、英语课程标准（试行）》，结合五年制高等职业学校公共基础课程教学实际，根据多年来在语文、数学、英语学科教研工作中所取得的经验和成果，在江苏省南京工程高等职业学校校级立项课题《五年制高职公共基础课程试题库的开发与应用研究》研究成果的基础上编写而成，供五年制高等职业学校学生使用。

为了帮助师生更好地完成新课程的教学要求，本学案以五年制高职教育学生的培养目标为引领，遵循公共基础课程教学的基本规律，将一年级学生必修的语、数、外基础知识及相应的教学要求分解落实到每一单元中，力求让学生明确每一单元的教学目标、重点难点、教学内容等，提高课堂教学的针对性和有效性。同时配备同步训练和课外拓展，帮助学生检验对知识的理解、掌握和运用情况，拓展相关的课外知识。

由于时间仓促，编者水平有限，书中难免有疏漏之处，恳请广大师生批评指正。

编者

2012 年 9 月

目　录

第 1 章　集合 …… 1
单元测试题 …… 10
第 2 章　不等式 …… 13
单元测试题 …… 19
第 3 章　函数 …… 21
单元测试题 …… 31
期中测试题 …… 35
第 4 章　指数函数与对数函数 …… 39
第 5 章　角的概念推广 …… 54
单元测试题 …… 68
期末测试题 …… 71
参考答案 …… 75

第1章 集 合

1-1 集合与元素

知识与技能

1. 理解集合的概念,了解"属于"关系的意义;知道常用数集的概念及其记法;
2. 了解有限集、无限集、空集的意义。

过程与方法

经历从集合实例中抽象概括出集合共同特征的过程,感知集合的含义,通过观察、归纳、总结的过程,提高抽象概括的能力。

情感态度与价值观

感受到学习集合的重要性,在学习运用集合语言的过程中,增强认识事物的能力。

知识结构:

集合与元素	元素与集合的关系	属于、不属于
	集合的特征	确定性、互异性、无序性
	集合的分类	有限集、无限集、空集

内容要点:集合的概念、元素与集合之间的关系:属于、不属于。

基础练习题

1. 下列各组对象能确定一个集合吗?

(1) 所有很大的实数。____________________。

(2) 好心的人。____________________。

(3) 1,2,2,3,4,5。____________________。

(4) 高一年级所有学生。____________________。

(5) 高一年级所有胖学生。____________________。

(6) 方程 $x^2+1=0$ 的所有实数解。____________________。

2. 设 a,b 是非零实数,那么 $\frac{|a|}{a}+\frac{|b|}{b}$ 可能取的值组成的集合的元素是________。

3. 由实数 $x, -x, |x|, \sqrt{x^2}, -\sqrt[3]{x^3}$ 所组成的集合,最多含 ( )

A. 2个元素　　B. 3个元素　　C. 4个元素　　D. 5个元素

4. 方程 $\sqrt{x}=-3$ 的解集是 ( )

A. $\{9\}$　　B. 9　　C. $\{\varnothing\}$　　D. $\varnothing$

5. 用符号"∈"或"∉"填空：

0 ________ **N**　　$\sqrt{3}$ ________ **R**　　π ________ **Q**

-1 ________ {正实数}　　-19 ________ **Z**

6. 若集合 $M=\{x|x\leqslant\sqrt{7}\}$, $a=\sqrt{6}$,则 a 与 M 的关系是________。

7. 设集合 $\{a\}$ 用 A 表示,则下列各式中正确的是 ( )

A. $0\in A$　　B. $a\in A$　　C. $a\notin A$　　D. $a\neq 0$

8. 一条直线可看作是由________组成的集合;一个平面可看作是由________组成的集合;一个圆可看作是由________组成的集合。

提高题

已知集合 $M=\{a,b,c\}$ 中的三个元素可以构成某一三角形的三边长,则此三角形一定不是 ( )

A. 直角三角形　　B. 锐角三角形　　C. 钝角三角形　　D. 等腰三角形

1－2　集合的表示法

知识与技能

掌握集合的两种表示法,会将文字语言转化为符号语言(集合语言)。

过程与方法

通过实例观察分析集合的元素,选择合适的方法表示集合,注意区分两种集合的表示方法和规范书写特征性质描述法。

情感态度与价值观

根据实际情境的探究,激发学生学习数学的兴趣和积极性,陶冶学生的情操,培养实事求是的科学学习态度和勇于创新的精神。

知识结构：

集合的表示法	列举法	把集合中的元素一一列出写在大括号内表示集合的方法
	描述法	用集合中元素的共同特征表示集合的方法

内容要点:集合的表示法有两种,列举法和描述法。

基础练习题

1. 用自然语言描述集合$\{1,3,5,7,9\}$。________________________。

2. 用列举法表示集合$A=\{x\in\mathbf{N}\mid 1\leqslant x<6\}$。________________________。

3. 试着选择适当的方法表示集合:不等式$x^2+2<0$的解集。

4. 下列表达是否正确?说明理由。

(1) $\mathbf{Z}=\{$全体整数$\}$;(2) $\mathbf{R}=\{$实数集$\}$;(3) $\{(1,2)\}=\{1,2\}$;(4) $\{1,2\}=\{2,1\}$

5. 用描述法表示下列集合。

$\{1,4,7,10,13\}=$________________________;

$\{-2,-4,-6,-8,-10\}=$________________________;

$\{1, 5, 25, 125, 625\}=$________________________;

$\left\{\frac{1}{2},\frac{2}{5},\frac{3}{10},\frac{4}{17},\cdots\right\}=$________________________。

6. 用列举法表示下列集合。

$\{x\in\mathbf{N}\mid x$是15的约数$\}=$________________________;

$\{(x,y)\mid x\in\{1,2\},y\in\{1,2\}\}=$________________________;

$\{x\mid x^3-2x^2-x+2=0\}=$________________________;

{数字和为5的两位数}=________________________;

$\left\{(x,y)\middle|\begin{cases}x-y=2\\x-2y=4\end{cases}\right\}=$________________________;

$\{x\mid x=(-1)^n,n\in\mathbf{N}\}=$________________________;

$\{(x,y)\mid 3x+2y=16,x\in\mathbf{N},y\in\mathbf{N}\}=$________________________。

提高题

若集合$A=\{x\in\mathbf{Z}\mid -2\leqslant x\leqslant 2\}$,$B=\{y\mid y=x^2+2\ 000,x\in A\}$,则用列举法表示集合$B=$________________________。

1-3 集合之间的关系

知识与技能

1. 理解集合之间包含关系的含义;
2. 区别子集、真子集的概念,能够正确判断集合之间的关系;
3. 会判断简单集合的相等关系。

过程与方法

让学生经历研究集合之间的关系的过程,学会探究问题的方法。

情感态度与价值观

感受到学习集合的基本关系,特别是相等关系,为下一步学习运算做好准备,增强学生的积极性。

知识结构:

集合之间的关系	集合的包含关系	子集
		真子集
	集合的相等关系	

内容要点:集合之间的"包含"关系,识别给定集合的子集和真子集。

基础练习题

1. 写出 **N**,**Z**,**Q**,**R** 的包含关系:________________。

2. 判断下列写法是否正确:

①$\varnothing\subseteq A$ ________;②$\varnothing\subsetneqq A$ ________;③$A\subseteq A$ ________;④$A\subsetneqq A$ ________。

3. 填空:(1) **N** ________**Z**,**N** ________**Q**,**R** ________**Z**,**R** ________**Q**,$\varnothing$ ________$\{0\}$。

4. 若 $A=\{x\in\mathbf{R}\mid x-3x-4=0\}$,$B=\{x\in\mathbf{Z}\mid |x|<10\}$,则 $A\subseteq B$ 正确吗?

5. 是否对任意一个集合 A,都有 $A\subseteq A$,为什么? ________________________。

6. 集合$\{a,b\}$的子集有________________。

7. 高一(1)班同学组成集合 A,高一年级同学组成集合 B,则 A、B 的关系为________。

8. 解不等式 $x+3<2$,并把结果用集合表示出来。

9. (1) 集合$\{a,b,c,d\}$的所有子集的个数是多少?

(2) 集合$\{a_1,a_2,\cdots,a_n\}$的所有子集的个数是多少?

10. 求满足$\{a,b\}\subseteq A\subseteq\{a,b,c,d,e\}$的集合的个数。

提高题

1. 若 $A=\{x|-3\leqslant x\leqslant 4\}$，$B=\{x|2m-1\leqslant x\leqslant m+1\}$，$B\subseteq A$，求实数 m 的取值范围。

2. 已知 $A\subseteq B$，$A\subseteq C$，$B=\{1,2,3,5\}$，$C=\{0,2,4,8\}$，求非空集合 A。

1-4 集合的运算

知识与技能

1. 理解交集、并集和补集的概念；
2. 掌握有关集合的术语和符号，会用它们正确地表示一些简单的集合；
3. 能够进行简单的交集、并集和补集的综合运算。

过程与方法

通过复习旧知，引入并集与交集的概念，培养观察、比较、分析、概括的能力，使认知由具体转向抽象。

情感态度与价值观

主动参与学习的过程，激发学生用数学解决实际问题的兴趣，形成主动学习的态度，培养自主探究的数学精神以及合作交流的意识。

知识结构：

集合的运算	交集	(1) $A\cap A=A$　$A\cap\varnothing=\varnothing$　$A\cap B=B\cap A$ (2) $A\cap B\subseteq A$　$A\cap B\subseteq B$
	并集	(1) $A\cup A=A$　$A\cup\varnothing=A$　$A\cup B=B\cup A$ (2) $A\cup B\supseteq A$　$A\cup B\supseteq B$
	补集	$\complement_S(\complement_S A)=A$　$\complement_S S=\varnothing$　$\complement_S\varnothing=S$ $A\cup(\complement_U A)=U$　$A\cap(\complement_U A)=\varnothing$

内容要点：集合的交集、并集和补集的概念，会借助数形结合(数轴和维恩图)的方法对集合的运算进行直观和形象的研究，通过实例初步体会数学建模的思想。

知识拓展：

交集的性质有结论 $\varnothing\subseteq A\cap B\subseteq A\subseteq A\cup B$。

德摩根律：$(\complement_U A)\cap(\complement_U B)=\complement_U(A\cup B)$，

$(\complement_U A)\cup(\complement_U B)=\complement_U(A\cap B)$。

容斥原理：$\mathrm{card}(A\cup B)=\mathrm{card}(A)+\mathrm{card}(B)-\mathrm{card}(A\cap B)$。

内容要点：理解两个给定集合的交集与并集的含义，会求两个集合的交集与并集。理解补集的含义，会求已知集合的补集。

基础练习题

1. 设 $A=\{x|x>-2\}$，$B=\{x|x<3\}$，求 $A\cap B$。

设 $A=\{x|-1<x<2\}$，$B=\{x|1<x<3\}$，求 $A\cup B$。

2. 设 $A=\{4,5,6,8\}$，$B=\{3,5,7,8\}$，求 $A\cap B$、$A\cup B$。

3. 设 $A=\{x|x$ 是等腰三角形$\}$，$B=\{x|x$ 是直角三角形$\}$，求 $A\cap B$。

设 $A=\{x|x$ 是锐角三角形$\}$，$B=\{x|x$ 是钝角三角形$\}$，求 $A\cup B$。

4. 设 $A=\{(x,y)|y=-4x+6\}$，$\{(x,y)|y=5x-3\}$，求 $A\cap B$。

5. 已知 A 是奇数集，B 是偶数集，Z 为整数集，求 $A\cap B$，$A\cap Z$，$B\cap Z$，$A\cup B$，$A\cup Z$，$B\cup Z$。

6. 设集合 $A=\{-4,2m-1,m^2\}$，$B=\{9,m-5,1-m\}$，又 $A\cap B=\{9\}$，求实数 m 的值。

7. 设 $P=\{a^2,a+2,-3\}$，$Q=\{a-2,2a+1,a^2+1\}$，$P\cap Q=\{-3\}$，求 a。

8. 已知全集 $U=A\cup B=\{1,3,5,7,9\}$，$A\cap(\complement_U B)=\{3,7\}$，$(\complement_U A)\cap B=\{5,9\}$，求 $A\cap B$。

9. 若集合 M、N、P 是全集 S 的子集，则图中阴影部分表示的集合是 （　　）

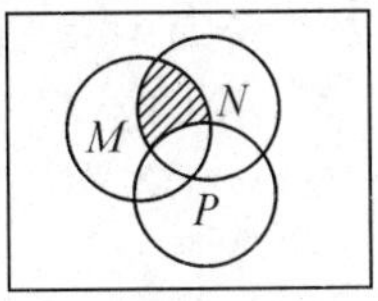

（第9题）

A. $(M\cap N)\cap P$　　B. $(M\cap N)\cup P$

C. $(M\cap N)\cap \complement_S P$　　D. $(M\cap N)\cup \complement_S P$

10. 设 $U=\{1,2,3,4,5,6,7,8\}$，$A=\{3,4,5\}$，$B=\{4,7,8\}$，求 $\complement_U A$，$\complement_U B$，$(\complement_U A)\cap(\complement_U B)$，$(\complement_U A)\cup(\complement_U B)$，$\complement_U(A\cup B)$，$\complement_U(A\cap B)$。

11. 已知元素 $(1,2)\in A\cap B$，并且 $A=\{(x,y)\,|\,mx-y^2+n=0\}$，$B=\{(x,y)\,|\,x^2-my-n=0\}$，求 m，n 的值。

12. 已知 $A=\{x\,|\,x^2\leqslant 4\}$，$B=\{x\,|\,x>a\}$，若 $A\cap B=\varnothing$，求实数 a 的取值范围。

13. 已知全集 $U=\mathbf{R}$，集合 $A=\{x\,|\,1\leqslant 2x+1<9\}$，求 $\complement_U A$。

14. 已知 $S=\{x\,|\,-1\leqslant x+2<8\}$，$A=\{x\,|\,-2<1-x\leqslant 1\}$，$B=\{x\,|\,5<2x-1<11\}$，讨论 A 与 $\complement_S B$ 的关系。

15. 已知全集 $U=\{x\,|\,-1<x<9\}$，$A=\{x\,|\,1<x<a\}$，若 $A\neq\varnothing$，则 a 的取值范围是（　　）

A. $a<9$　　B. $a\leqslant 9$　　C. $a\geqslant 9$　　D. $1<a\leqslant 9$

16. 已知全集 $U=\{2,4,1-a\}$，$A=\{2,a^2-a+2\}$。如果 $\complement_U A=\{-1\}$，那么 a 的值为________。

17. 已知全集 U，A 是 U 的子集，$\varnothing$ 是空集，$B=\complement_U A$，求 $\complement_U B$，$\complement_U \varnothing$，$\complement_U U$。

18. 已知 $U=\mathbf{R}$，$A=\{x\,|\,x^2+3x+2<0\}$，求 $\complement_U A$。

19. 集合$U=\{(x,y)\mid x\in\{1,2\},y\in\{1,2\}\}$，$A=\{(x,y)\mid x+y=3,x\in\mathbf{N}^*,y\in\mathbf{N}^*\}$，求$\complement_U A$。

20. 设全集$U=\{2,3,a^2+2a-3\}$，$A=\{b,2\}$，$\complement_U A=\{5\}$，求实数a、b的值。

21. 设全集$U=\{1,2,3,4,5\}$，$A=\{2,5\}$，求$\complement_U A$的真子集的个数。

22. 若$S=\{$三角形$\}$，$B=\{$锐角三角形$\}$，则$\complement_S B=$________。

23. 已知$A=\{0,2,4\}$，$\complement_U A=\{-1,1\}$，$\complement_U B=\{-1,0,2\}$，则$B=$________。

提高题

已知$A=\{x\mid x^2-ax+a^2-19=0\}$，$B=\{x\mid x^2-5x+8=2\}$，$C=\{x\mid x^2+2x-8=0\}$，若$\varnothing\subset A\cap B$，且$A\cap C=\varnothing$，求$a$的值。

1-5 充要条件

知识与技能

1. 初步了解充分条件、必要条件和充要条件的概念和区别；
2. 能够正确地判断条件和结论之间的逻辑关系，明确充分性和必要性的意义。

过程与方法

通过探究生活中的充要关系，把学习延伸到课外，体验“在生活中的数学思维”。

情感态度与价值观

感受“在生活中的数学思维”，增强对学习逻辑知识的兴趣，克服畏惧感，激发求知欲。

知识结构：

充要条件	充分条件	$p\Rightarrow q$，p 是 q 的充分条件
	必要条件	$p\Rightarrow q$，q 是 p 的必要条件
	充要条件	$p\Leftrightarrow q$，p 是 q 的充要条件

内容要点：了解数学及生活中的逻辑关系，判断充分条件和必要条件的方法，正确判断条件与结论之间的逻辑关系。

基础练习题

一、选择题

1. $x<-2$ 是不等式 $x^2-4>0$ 成立的 ( )

A. 充分条件　　B. 必要条件

C. 充要条件　　D. 非充分非必要条件

2. 已知实系数一元二次方程 $ax^2+bx+c=0(a\neq 0)$，下列结论正确的是 ( )

(1) $\Delta=b^2-4ac>0$ 是这个方程有实根的充分不必要条件

(2) $\Delta=b^2-4ac>0$ 是这个方程有实根的必要不充分条件

(3) $\Delta=b^2-4ac\geqslant 0$ 是这个方程有实根的充要条件

(4) $\Delta=b^2-4ac=0$ 是这个方程有实根的充分不必要条件

A. (1)(3)　　B. (3)(4)　　C. (1)(3)(4)　　D. (2)(3)(4)

3. 设甲是乙的充分不必要条件，乙是丙的充要条件，丁是丙的必要非充分条件，则甲是丁的 ( )

A. 充分不必要条件　　B. 必要不充分条件

C. 充要条件　　D. 既不充分也不必要

4. 已知 p、q 都是 r 的必要条件，s 是 r 的充分条件，q 是 s 的充分条件，则 s 是 q 的________条件，p 是 s 的________条件。

5. 一次函数 $y=-\dfrac{m}{n}x+\dfrac{1}{n}$ 的图象同时经过第一、三、四象限的必要但不充分条件是 ( )

A. $m>1,n<-1$　　B. $mn<0$　　C. $m>0,n<0$　　D. $m<0,n<0$

6. 有下述说法：

①$a>b>0$ 是 $a^2>b^2$ 的充要条件；②$a>b>0$ 是 $\dfrac{1}{a}<\dfrac{1}{b}$ 的充要条件；③$a>b>0$ 是 $a^3>b^3$ 的充要条件；

则其中正确的说法有 ( )

A. 0 个　　B. 1 个　　C. 2 个　　D. 3 个

7. 一元二次方程 $ax^2+2x+1=0(a\neq 0)$ 有一个正根和一个负根的充分不必要条件是 ( )

A. $a<0$　　B. $a>0$　　C. $a<-1$　　D. $a>1$

8. “$x>3$”是 $x^2>4$ 的 ( )

A. 必要条件　　B. 充分条件

C. 充要条件　　D. 既不充分也不必要条件

二、填空题

1. 若命题 A:$x\leqslant 3$,命题 B:$(x-1)(x-3)<0$,则命题 A 是 B 的________条件。

2. 一元二次方程 $ax^2+2x+1=0(a\neq 0)$ 有一个正根和一个负根的充分必要条件是________。

提高题

甲是乙的充要条件,乙是丙的充分条件,丁是丙的必要条件,丁是乙的充分条件,那么甲是丁的什么条件?

单元测试题

一、选择题

1. 下列六个关系式:①$\{a,b\}\subseteq\{b,a\}$;②$\{a,b\}=\{b,a\}$;③$\{0\}=\varnothing$;④$0\in\{0\}$;⑤$\varnothing\in\{0\}$;⑥$\varnothing\subseteq\{0\}$。其中正确的个数为 ( )

A. 6 个　B. 5 个　C. 4 个　D. 少于 4 个

2. 下列各对象可以组成集合的是 ( )

A. 与 1 非常接近的全体实数

B. 某校 2002~2003 学年度第一学期全体高一学生

C. 高一年级视力比较好的同学

D. 与无理数相差很小的全体实数

3. 已知集合 M,P 满足 $M\cup P=M$,则一定有 ( )

A. $M=P$　B. $M\supseteq P$　C. $M\cap P=M$　D. $M\subseteq P$

4. 集合 A 含有 10 个元素,集合 B 含有 8 个元素,集合 $A\cap B$ 含有 3 个元素,则集合 $A\cup B$ 的元素个数为 ( )

A. 10 个　B. 8 个　C. 18 个　D. 15 个

5. 设全集 $U=\mathbf{R}$,$M=\{x|x\geqslant 1\}$,$N=\{x|0\leqslant x<5\}$,则 $(\complement_U M)\cup(\complement_U N)$ 为 ( )

A. $\{x|x\geqslant 0\}$　B. $\{x|x<1$ 或 $x\geqslant 5\}$

C. $\{x|x\leqslant 1$ 或 $x\geqslant 5\}$　D. $\{x|x<0$ 或 $x\geqslant 5\}$

6. 设集合 $A=\{1,4,x\}$,$B=\{1,x^2\}$,且 $A\cup B=\{1,4,x\}$,则满足条件的实数 x 的个数是 ( )

A. 1 个　B. 2 个　C. 3 个　D. 4 个

7. 已知非空集合 $M\subseteq\{4,7,8\}$,且 M 中至多有一个偶数,则这样的集合共有 ( )

A. 3 个　B. 4 个　C. 5 个　D. 6 个

8. 已知全集 $U=\{$非零整数$\}$,集合 $A=\{x||x+2|>4,\ x\in U\}$,则 $\complement_U A=$ ( )

A. $\{-6,-5,-4,-3,-2,-1,0,1,2\}$

B. $\{-6,-5,-4,-3,-2,-1,1,2\}$

C. $\{-5,-4,-3,-2,0,-1,1\}$

D. $\{-5,-4,-3,-2,-1,1\}$

9. 已知集合 $A=\{0,1,2,3,4,5\}$,$B=\{1,3,6,9\}$,$C=\{3,7,8\}$,则 $(A\cap B)\cup C$ 等于 ( )

A. $\{0,1,2,6\}$　B. $\{3,7,8\}$　C. $\{1,3,7,8\}$　D. $\{1,3,6,7,8\}$

10. 满足条件$\{0,1\}\cup A=\{0,1\}$的所有集合A的个数是 ( )

A. 1个 B. 2个 C. 3个 D. 4个

11. 如右图,阴影部分所表示的集合是 ( )

A. $B\cap[\complement_U(A\cup C)]$ B. $(A\cup B)\cup(B\cup C)$

C. $(A\cup C)\cap(\complement_U B)$ D. $[\complement_U(A\cap C)]\cup B$

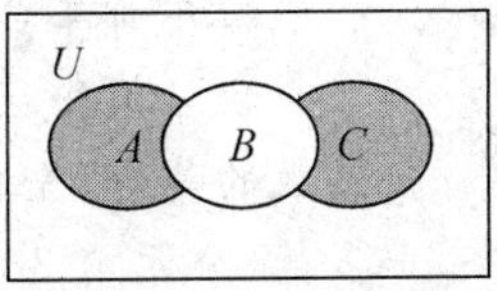

(第11题)

12. 若$A=\{1,2,3,4,5\}$,$B=\{2,3,6\}$,则$A\cap(A\cap B)$等于 ( )

A. B B. $\{2,3\}$

C. $\{1,4,5\}$ D. $\{6\}$

二、填空题

13. 集合$P=\{(x,y)\mid x+y=0\}$,$Q=\{(x,y)\mid x-y=2\}$,则$A\cap B=$________。

14. 已知$A=\{0,a\}$,$B=\{1,2\}$,$A\cap B=\{1\}$,则$a=$________。

15. 已知集合$A=\left\{x\in\mathbf{N}\,\middle|\,\frac{12}{6-x}\in\mathbf{N}\right\}$,用列举法表示集合$A=$____________。

16. 已知$U=\{1,2,3,4,5,6,7,8\}$,$A\cap(\complement_U B)=\{1,8\}$,$(\complement_U A)\cap B=\{2,6\}$,$(\complement_U A)\cap(\complement_U B)=\{4,7\}$,则集合$A=$________。

三、解答题

17. 已知集合$A=\{x\in\mathbf{R}\mid ax^2-3x+2=0,a\in\mathbf{R}\}$。

(1) 若A是空集,求a的取值范围;

(2) 若A中只有一个元素,求a的值,并把这个元素写出来;

(3) 若A中至多只有一个元素,求a的取值范围。

18. 已知全集$U=\mathbf{R}$,集合$A=\{x\mid x^2-px-2=0\}$,$B=\{x\mid x^2+qx+r=0\}$,若$A\cap B=\{1\}$,$A\cup B=\{-2,1,5\}$,求p,q,r。

19. 已知集合$A=\{x\mid x^2+4x=0\}$,$B=\{x\mid x^2+2(a+1)x+a^2-1=0\}$。

(1) 若$A\cap B=B$,求a;

(2) 若$A\cup B=B$,求a。

课外拓展

集合论

集合的思想起源很早,古希腊的原子论学派就是把直线看成一些原子的排列,但是集合论作为一门科学是19世纪末、20世纪初才开始蓬勃发展起来的。

为奠定科学集合论作出决定性贡献的是德国著名数学家康托尔(1845—1918),他专门论述集合理论的文章是从 1874 年开始，分别发表于《数学年鉴》及《数学杂志》杂志。

康托尔称集合是一些确定的、不同东西的总和。他还定义了集合的并、交等运算。

集合分有穷集与无穷集两种，前者比较简单而易为人们所接受。无穷集(如全体自然数的集合；全体有理数的集合、全体实数的集合等)就比较复杂，如古希腊的亚里士多德(公元前 384—公元前 322)就认为只存在潜在的无穷，不存在实在的无穷。康托尔精心研究了这个问题，在他 29 岁的时候发表了关于无穷集理论的第一篇革命性的文章，他反驳了早期存在于数学家、哲学家中反对实无穷集的论点。宣称：**无穷集是具有这样异常性质的集合，即它的全体可以与它的部分一样多**。康托尔把两个元素间能建立一一对应的集合叫做它们元素一样的多，如自然数集合与正偶数的集合的元素间可建立起如下这样的一一对应：

$$\begin{array}{cccccc} 1 & 2 & 3 & \cdots\cdots & n & \cdots\cdots \\ \updownarrow & \updownarrow & \updownarrow & & \updownarrow & \cdots\cdots \\ 2 & 4 & 6 & \cdots\cdots & 2n & \cdots\cdots \end{array}$$

故所有自然数的集合与它的部分即所有正偶数的集合的元素一样多。但所有实数的集合与它的部分所有有理数的集合的元素就不是一样多了。这样，无限集就被分开层次了。无限集合元素的个数是[无穷多]个，对[无穷多]也可以比较大小了。康托尔据此创造了[超限数]的概念。

康托尔的创造这样富有革命性，以致不少数学家不能理解，甚至强烈反对。但是，现在集合论的概念与思想已经渗透到数学的所有分支，尤其是近代数学，现已成了近代数学的基础。伟大的数学家希尔伯特(1862—1943)高度评价康托尔的理论，认为它是“数学思想最惊人的产物”。

(摘自中基网)

第 2 章　不 等 式

2－1　不等式的基本性质

知识与技能

1. 理解并掌握实数大小的基本性质，能用作差法判别两个实数或代数式的大小；
2. 掌握不等式的性质，能运用不等式的性质进行简单的运算。

过程与方法

从已有的经验出发，由实际问题上升为数学概念和数学知识。

情感态度与价值观

培养学生乐于探究的思维品质。

知识结构：

不等式的基本性质	不等关系	$a>b \Leftrightarrow a-b>0$
		$a=b \Leftrightarrow a-b=0$
		$a<b \Leftrightarrow a-b<0$
	基本性质	如果 $a>b$，那么 $a+c>b+c$
		如果 $a>b$，$c>0$，那么 $ac>bc$
		如果 $a>b$，$c<0$，那么 $ac<bc$
		如果 $a>b$，$b>c$，那么 $a>c$

内容要点：用作差法比较大小、利用基本性质求解不等式。

基础练习题

1. 用不等式表示下列不等关系：

(1) a 与 b 的和不小于 5 __________；

(2) m 减去 n 大于 10 __________；

(3) x 与 y 的积大于等于 6 __________；

(4) p 除以 q 不大于 8 __________；

(5) e 与 f 的平方和小于 5 __________。

2. 填空:比较下列不等式的大小(填写“>”或“<”)。

(1) $\frac{4}{9}$______$\frac{7}{9}$　　(2) $\frac{5}{6}$______$\frac{5}{9}$　　(3) $\frac{3}{7}$______$\frac{5}{11}$

3. 比较下列各组中两个代数式的大小:

(1) $(x+2)(x+4),(x+3)^2$______;

(2) $(x^2+2)^2,(x^2+2)(x^2+3)$______;

(3) $2x+1,3x-2$______。

4. 填空:

(1) 如果 $x+2>-3$,那么______;

(2) 如果 $1-2x>5$,那么______;

(3) 如果 $3x-2\geqslant 4x-5$,那么______;

(4) 如果 $1<3x-2<7$,那么______;

(5) 如果 $-3\leqslant 1-2x\leqslant 5$,那么______。

提高题

已知 a、b 为任意实数,比较 $(x+a)(x+b)$ 与 $\left(x+\frac{a+b}{2}\right)^2$ 的大小。

2-2 区　间

知识与技能

理解区间的概念,掌握不等式表示为区间和区间表示为不等式的方法,并能在数轴上表示出来。

过程与方法

由生活实际引出问题,探究出数学概念与数学知识。

情感态度与价值观

进一步渗透数形结合思想,树立学生的自信心。

知识结构:

区间	区间的概念	一定范围内的所有实数
	区间的表示	用“()、[]、+∞、-∞”来表示
	区间的分类	有限区间、无限区间

内容要点：区间表示时，有等号的用中括号“[”或“]”，没等号时用小括号“(”或“)”。

基础练习题

1. 用区间表示下列不等式的解集：

(1) $x-2\geqslant 0$ ________；　(2) $x+1\leqslant 0$ ________；

(3) $2<x\leqslant 10$ ________；　(4) $1\leqslant 2x-3<7$ ________；

(5) $3<2x-1<5$ ________；　(6) $7\geqslant 1-3x\geqslant -2$ ________。

2. 用集合的表示法表示下列区间：

(1) $(-\infty,3]$ ________；　(2) $[2,+\infty)$ ________；

(3) $[1,8)$ ________；　(4) $(a,b]$ ________。

3. 解下列不等式组，并用区间表示解集：

(1) $\begin{cases}x-3\geqslant 0,\\x+2>1;\end{cases}$　(2) $\begin{cases}x-1<0,\\x-2\leqslant -4;\end{cases}$　(3) $\begin{cases}4-2x\geqslant 0,\\3x+4>-2;\end{cases}$

(4) $\begin{cases}2x+3>4x-5,\\1-2x<4-5x;\end{cases}$　(5) $\begin{cases}2x-1\leqslant 3x+7,\\7x-3<6x+2;\end{cases}$　(6) $\begin{cases}3x+1\geqslant 2x-5,\\1-2x\leqslant 3-4x.\end{cases}$

提高题

1. 把 $\{x|x\neq 3\}$ 写成区间；

2. 把 $\{x|x\neq 1$ 且 $x\neq 10\}$ 写成区间。

2-3 一元二次不等式

知识与技能

理解一元二次不等式的概念,会利用一元二次方程、图象和不等式之间的关系求解一元二次不等式。

过程与方法

能根据实际问题列出一元二次不等式并求解。

情感态度与价值观

激发学生的学习热情,体会普遍联系的辩证思想。

知识结构:

一元二次不等式	基本解法:设 $ax^2+bx+c=0$ $a>0$	$\Delta>0$,求出 x_1、x_2,得结论
		$\Delta=0$,求出 x_0,得结论
		$\Delta<0$,得结论
	应用举例	

内容要点:在 $a>0$ 时,设 $ax^2+bx+c=0$,(1) 当 $\Delta>0$ 时,求出 x_1、x_2;(2) 当 $\Delta=0$ 时,求出 x_0;(3) 当 $\Delta<0$ 时,分别根据草图得结论。

基础练习题

1. 已知 $a>b>0$,则不等式 $(x-a)(x-b)>0$ 的解集是____________。

2. 解下列不等式,并用区间表示解集:

(1) $x^2-3x+2>0$ ____________; (2) $6-x^2+x\geqslant0$ ____________;

(3) $x^2+2x-4\geqslant0$ ____________; (4) $x^2+x+2>2x^2-4x+7$ ____________。

3. 解下列不等式,能写出区间的用区间表示解集:

(1) $x^2-2x+1\geqslant0$ ____________; (2) $x^2+4x+4>0$ ____________;

(3) $x^2-6x+9<0$ ____________; (4) $x^2-14x+49\leqslant0$ ____________。

4. 解下列不等式,能写出区间的用区间表示解集:

(1) $x^2-4x+5>0$ ____________; (2) $x^2+2x+3\geqslant0$ ____________;

(3) $x^2-6x+10<0$ ____________; (4) $x^2-2x+4\leqslant0$ ____________。

5. 比较下列两式的大小,并确定其大小范围:

(1) $3x-1$ 和 $2x+1$ (2) $2(x+1)^2$ 与 $2x^2+1$

提高题

1. m 是什么实数时，方程 $x^2-(m+2)x+4=0$ 有实数根？

2. 如果工厂总成本为 $y_c=3\,000+20x-0.1x^2$，其中 x 表示产量，产品售价为 25 元，求工厂不亏本的最低产量。

2-4　含绝对值的不等式

知识与技能

1. 理解绝对值的几何意义，掌握简单的绝对值不等式的解法；

2. 掌握绝对值不等式的运算公式：$|x|\leqslant a(a>0)\Leftrightarrow -a\leqslant x\leqslant a$；$|x|\geqslant a(a>0)\Leftrightarrow x\leqslant -a$ 或 $x\geqslant a$。

过程与方法

从已有的数学概念出发，上升为数学知识，解决实际问题。

情感态度与价值观

让学生进一步体会数形结合、整体代换、等价转化的数学思想方法。

知识结构：

含绝对值的不等式	几何意义	实数 a 的点到原点的距离
	基本解法	$\|x\|\leqslant a(a>0)\Leftrightarrow -a\leqslant x\leqslant a$
		$\|x\|\geqslant a(a>0)\Leftrightarrow x\leqslant -a$ 或 $x\geqslant a$

内容要点：$|x|\leqslant a(a>0)\Leftrightarrow -a\leqslant x\leqslant a$，$|x|\geqslant a(a>0)\Leftrightarrow x\leqslant -a$ 或 $x\geqslant a$。

基础练习题

1. 不等式 $|x|>8$ 的解集是____________。

2. 不等式 $|x|\leqslant 1$ 的解集是____________。

3. 不等式$|2x|<4$的解集是____________。

4. 不等式$|x|<0$的解集是____________;
不等式$|x|\geqslant 0$的解集是____________。

5. 不等式$|x-3|<5$的解集是____________。

6. 不等式$|x|\leqslant 0$的解集是(　　),不等式$|x|\geqslant 0$的解集是(　　)
A. **R**　　B. $\varnothing$　　C. $\{x|x=0\}$　　D. $\{x|x\neq 0\}$

7. 不等式$|x+3|>5$的解集是　　(　　)
A. $(-8,8)$　　B. $(-2,2)$
C. $(-\infty,5)\cup(5,+\infty)$　　D. $(-\infty,-8)\cup(2,+\infty)$

8. 解下列不等式,并在数轴上表示它们的解集。
(1) $|4x+1|\leqslant 5$　　(2) $\left|x-\frac{4}{5}\right|<\frac{1}{5}$
(3) $|3x+1|\geqslant 5$　　(4) $|x-3|>0.01$
(5) $\left|\frac{1}{3}x+3\right|<6$　　(6) $|2x+1|-1>0$
(7) $\left|\frac{1}{2}x+1\right|-3<0$

提高题

解下列绝对值不等式:
(1) $\left|\frac{1}{x-1}\right|\leqslant 1$　　(2) $|1+x^2|<x$　　(3) $|x^2-5x+6|>1$

单元测试题

一、填空题

1. 某地规定本地最低生活保障金不低于 500 元，将该不等关系写成不等式为__________。

2. 如果 $x+y>0$，$b<0$，$by>0$，则 x 与 y 的大小关系为________。

3. 用“$>$”“$<$”“$\geqslant$”“$\leqslant$”“$=$”填空：

(1) $a>b \Rightarrow ac>bc$ 的条件是 c ________ 0；

(2) $a>b \Rightarrow ac<bc$ 的条件是 c ________ 0；

(3) 如果 $a>b>0$，那么 a^n ________ b^n；

(4) 如果 $a>b$，$b>c$，那么 a ________ c；

(5) 如果 $a>b$，$c>d$，那么 $a+c$ ________ $b+d$；

(6) 如果 $a>b>0$，$c>d>0$，那么 ac ________ bd。

4. 不等式 $|2x-1|\geqslant 3$ 的解集用区间表示为________。

5. 不等式 $|x-10|\leqslant 0.01$ 的正整数解为________。

6. 不等式 $(x+2)(x-1)>0$ 的解集用区间表示为________。

7. 设△ABC 的三边长分别为 a，b，c，则 $b+c-a$ ________ 0。

8. $\{x|x\leqslant 3\}$ 用区间表示为__________。

9. $a>b \Rightarrow a+c>b+c$ 的条件是 c ________。

二、选择题

10. 如果 $a>b$，那么 $a-c$ 与 $b-c$ 的大小为　　(　　)

A. $>$　　B. $<$　　C. $\geqslant$　　D. $\leqslant$

11. 如果 $a>b$，那么 $c-2a$ 与 $c-2b$ 的大小为　　(　　)

A. $>$　　B. $<$　　C. $\geqslant$　　D. $\leqslant$

12. 如果 $ac^2>bc^2$，那么 a 与 b 的大小为　　(　　)

A. $>$　　B. $<$　　C. $\geqslant$　　D. $\leqslant$

13. 当 $x\in\mathbf{R}$ 时，x^2-x+1 与 x 的大小为　　(　　)

A. $>$　　B. $<$　　C. $\geqslant$　　D. $\leqslant$

14. 如果 $a>b>0$，$c<d<0$，那么 ac 与 bd 的大小为　　(　　)

A. $>$　　B. $<$　　C. $\geqslant$　　D. $\leqslant$

三、解答题(解下列不等式或不等式组)

15. $\begin{cases}1-2x<3,\\3x+5>x-7\end{cases}$

16. $|2-3x|\geqslant 7$

17. $|2-x|-5\leqslant 0$

18. $-x^2+5x>6$

19. $2x^2-3x>2$

20. $2x^2-3x>-5$

21. $4x^2-12x>-9$

课外拓展

柯西与柯西不等式

柯西(Cauchy Augustin-Louis,1789—1857),法国数学家,8 月 21 日生于巴黎,他的父亲路易·弗朗索瓦·柯西是法国波旁王朝的官员,在法国动荡的政治漩涡中一直担任公职。由于家庭的原因,柯西本人属于拥护波旁王朝的正统派,是一位虔诚的天主教徒。

1805 年柯西进入高等工业学校学习,安培是他的一位老师。他原来打算成为土木工程师,但是他的身体很差,他的朋友拉格朗日和拉普拉斯劝他转向搞不要求身体特别好的纯粹数学。在大学毕业后当土木工程师,因数学上的成就被推荐为科学院院士,同时任工科大学教授。后来在巴黎大学任教授,一直到逝世。他信仰罗马天主教,追随保皇党,终生坚守气节。他在学术上成果相当多,他的研究是多方面的。在代数学上,他有行列式论和群论的创始性的功绩;在理论物理学、光学、弹性理论等方面,也有显著的贡献。他的特长是在分析学方面,他对微积分给出了严密的基础,他还证明了复变函数论的主要定理以及在实变数和复变数的情况下微分方程解的存在定理,这些都是很重要的。他的全集有 26 卷,仅次于欧拉,居第二位。

柯西是历史上有名的大分析学家之一。1821 年,在拉普拉斯和泊松的鼓励下,柯西出版了《分析教程》、《无穷小计算讲义》、《无穷小计算在几何中的应用》这几部划时代的著作。他给出了分析学一系列基本概念的严格定义。柯西的极限定义至今还在普遍使用,连续、导数、微分、积分、无穷级数的和等概念也建立在较为坚实的基础上。

他在纯数学和应用数学方面的功力是相当深厚的,很多数学的定理和公式也都以他的名字来称呼,如柯西不等式、柯西积分公式……在数学写作上,他是被认为在数量上仅次于欧拉的人,他一生一共著作了 789 篇论文和几本书,其中有些还是经典之作,不过并不是他所有的创作质量都很高,因此他还曾被人批评高产而轻率,这点倒是与数学王子相反。据说,法国科学院“会刊”创刊的时候,由于柯西的作品实在太多,以至于科学院要负担很大的印刷费用,超出科学院的预算,因此,科学院后来规定论文最长的只能够到四页,所以,柯西较长的论文只得投稿到其他地方。

柯西在代数学、几何学、误差理论以及天体力学、光学、弹性力学诸方面都有出色的工作,特别是他弄清了弹性理论的基本数学结构,为弹性力学奠定了严格的理论基础。

柯西不等式的二维形式:

$(a^2+b^2)(c^2+d^2)\geqslant(ac+bd)^2$

等号成立条件:$ad=bc$

第3章 函 数

3－1 函数的概念

知识与技能

理解函数的概念，会用函数的定义判断函数，会求一些最基本的函数的定义域。

过程与方法

通过丰富实例，使学生建立起函数的概念背景，进一步体会函数是描述变量之间的关系；在实际情境中，培养学生从图表中获取函数关系基本特征的能力；通过对实际问题分析、抽象与概括，培养学生抽象、概括、归纳知识以及逻辑思维等方面的能力。

情感态度与价值观

通过对函数概念的形成的探究过程，培养学生发现问题、探索问题、不断超越的创新品质。

知识结构：

函数的概念	函数的概念	明确确定函数的基本要素
	定义域	使得函数解析式有意义的自变量的取值集合
	值域	因变量的取值集合

内容要点：把握自变量与因变量之间的“对应关系”，确定具有特定限制条件的定义域、值域。

基础练习题

1. 下列四个图象中，是函数图象的是 （　　）

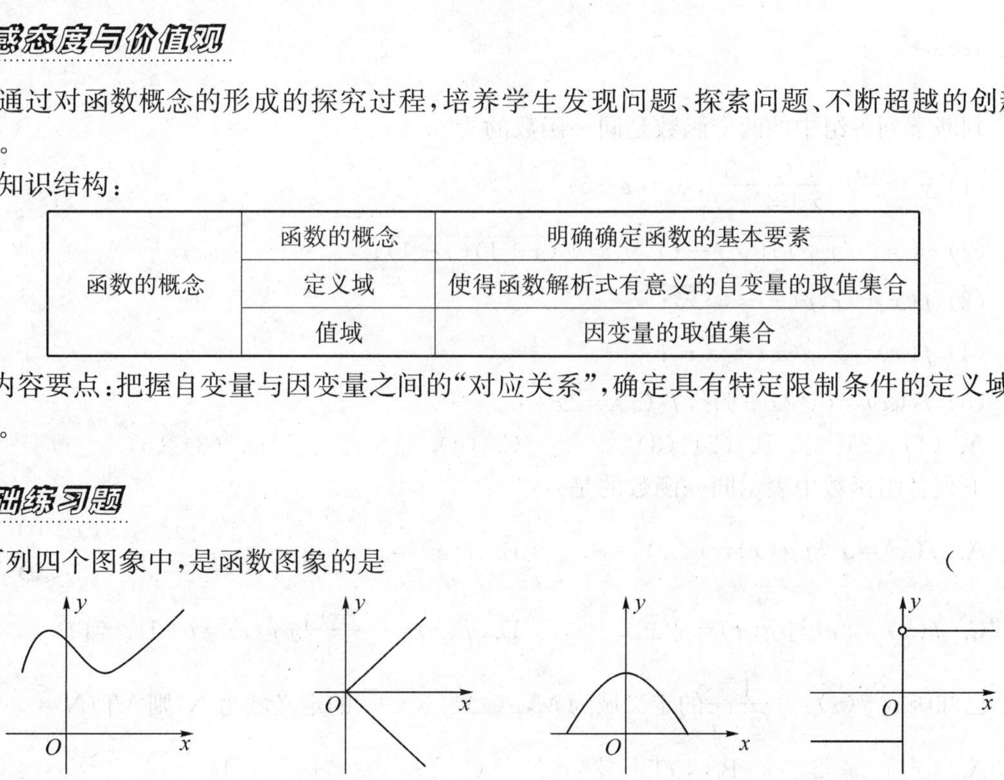

(1)　(2)　(3)　(4)

A. (1)　B. (1)(3)(4)　C. (1)(2)(3)　D. (3)(4)

2. 下列关于分段函数的叙述中,正确的有 ( )

①定义域是各段定义域的并集,值域是各段值域的并集;②尽管在定义域不同的部分有不同的对应法则,但它们是一个函数;③若 D_1、D_2 分别是分段函数的两个不同对应法则的值域,则 $D_1\cap D_2=\varnothing$。

A. 1个　　B. 2个　　C. 3个　　D. 0个

3. 求下列函数的定义域:

(1) $y=\dfrac{\sqrt{x^2-2x-15}}{|x+3|-3}$

(2) $y=\sqrt{1-\left(\dfrac{x-1}{x+1}\right)^2}$

(3) $y=\dfrac{1}{1+\dfrac{1}{x-1}}+(2x-1)^0+\sqrt{4-x^2}$

4. 判断下列各组中的两个函数是同一函数的为 ( )

(1) $y_1=\dfrac{(x+3)(x-5)}{x+3}$, $y_2=x-5$;

(2) $y_1=(\sqrt{x+1})(\sqrt{x-1})$, $y_2=\sqrt{(x+1)(x-1)}$;

(3) $f(x)=x$, $g(x)=\sqrt{x^2}$;

(4) $f(x)=x$, $g(x)=\sqrt[3]{x^3}$;

(5) $f_1(x)=(\sqrt{2x-5})^2$, $f_2(x)=2x-5$。

A. (1)、(2)　　B. (2)、(3)　　C. (4)　　D. (3)、(5)

5. 下列各组函数中表示同一函数的是 ( )

A. $f(x)=x$ 与 $g(x)=(\sqrt{x})^2$

B. $f(x)=x|x|$ 与 $g(x)=\begin{cases}x^2 & (x>0)\\ -x^2 & (x<0)\end{cases}$

C. $f(x)=|x|$ 与 $g(x)=\sqrt[3]{x^3}$

D. $f(x)=\dfrac{x^2-1}{x-1}$ 与 $g(t)=t+1\,(t\neq1)$

6. 已知函数 $f(x)=\dfrac{1}{\sqrt{2-x}}$ 的定义域为 M, $g(x)=\sqrt{x+2}$ 的定义域为 N,则 $M\cap N=$ ( )

A. $\{x|x\geqslant-2\}$　　B. $\{x|x<2\}$　　C. $\{x|-2<x<2\}$　　D. $\{x|-2\leqslant x<2\}$

7. 设函数 $f(x)$ 的定义域为 $[0,1]$,则函数 $f(x^2)$ 的定义域为________;函数 $f(\sqrt{x}-2)$ 的定义域为________。

8. 若函数 $f(x+1)$ 的定义域为 $[-2,3]$，则函数 $f(2x-1)$ 的定义域是__________；函数 $f\left(\frac{1}{x}+2\right)$ 的定义域为__________。

9. 函数 $f(x)=\frac{1-x}{x}+\sqrt{1-x}+\sqrt{x+1}$ 的定义域是__________。

10. 函数 $f(x)=\sqrt{4-x^2}-\sqrt{x^2-4}$ 的定义域是 ( )

A. $[-2,2]$ B. $(-2,2)$

C. $(-\infty,-2)\cup(2,+\infty)$ D. $\{-2,2\}$

提高题

1. 若函数 $f(x)=\frac{x-4}{mx^2+4mx+3}$ 的定义域为 **R**，则实数 m 的取值范围是 ( )

A. $(-\infty,+\infty)$ B. $\left(0,\frac{3}{4}\right]$ C. $\left(\frac{3}{4},+\infty\right)$ D. $\left[0,\frac{3}{4}\right)$

2. 若函数 $f(x)=\sqrt{mx^2+mx+1}$ 的定义域为 **R**，则实数 m 的取值范围是 ( )

A. $0<m<4$ B. $0\leqslant m\leqslant 4$ C. $m\geqslant 4$ D. $0<m\leqslant 4$

3-2 函数的表示法

知识与技能

1. 掌握函数的三种表示方法，明确每种方法的特点，尤其是解析法；
2. 通过学习函数的三种表示法及其之间的相互转化，提升对函数概念的理解；
3. 认识分段函数，并会初步应用；
4. 初步学会运用数学方法分析、解决实际问题，发展应用意识。

过程与方法

1. 通过丰富的实例进一步体会函数是描述变量与变量之间的依赖关系的重要的数学模型，体会对应关系在刻画函数概念中的作用；

2. 在实际情境中，会根据不同的需要选择恰当的方法表示函数；

3. 通过具体的实例，了解简单的分段函数。

情感态度与价值观

1. 从学生熟知的实际问题入手，能使学生积极参与数学学习活动，对数学有好奇心和求知欲；

2. 把数学和实际相联系，使学生初步体会数学与人类生活的密切联系及对人类历史发展的作用；

3. 通过学生之间的相互交流合作，让学生学会与人合作，并能与他人进行交流，培养合作意识。

知识结构：

函数的表示法	列表法	利用表格来表示两个变量之间的函数关系
	解析法	将两个变量之间的函数关系用一个等式来表示
	图象法	用图来表示两个变量之间的函数关系

内容要点：采用适当的表示法表达函数关系；借助 Excel 软件制作函数图象。

基础练习题

1. 函数 $y=|x|$ 的图象与直线 $y=a$ 的交点个数 （　　）

A. 至少有一个　　B. 至多有两个

C. 必有两个　　D. 有一个或两个

2. 设函数 $f(x)=\begin{cases}x^2+2 & (x\leqslant 2)\\ 2x & (x>2)\end{cases}$，则 $f(-4)=$________，若 $f(x_0)=8$，则 $x_0=$________。

3. 下列图象中，是函数 $y=x+\dfrac{|x|}{x}$ 的图象的是 （　　）

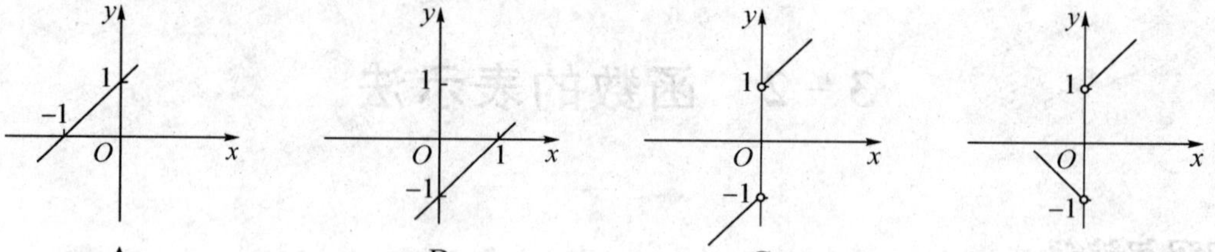

A　　B　　C　　D

4. 设函数 $f(x)=\begin{cases}1-x^2 & (x\leqslant 1)\\ x^2+x-2 & (x>1)\end{cases}$，则 $f\left(\dfrac{1}{f(2)}\right)$ 的值为 （　　）

A. $\dfrac{15}{16}$　　B. $-\dfrac{27}{16}$　　C. $\dfrac{8}{9}$　　D. 18

5. 图中的图象所表示的函数的解析式为 （　　）

A. $y=\dfrac{3}{2}|x-1|(0\leqslant x\leqslant 2)$

B. $y=\dfrac{3}{2}-\dfrac{3}{2}|x-1|(0\leqslant x\leqslant 2)$

C. $y=\dfrac{3}{2}-|x-1|(0\leqslant x\leqslant 2)$

D. $y=1-|x-1|(0\leqslant x\leqslant 2)$

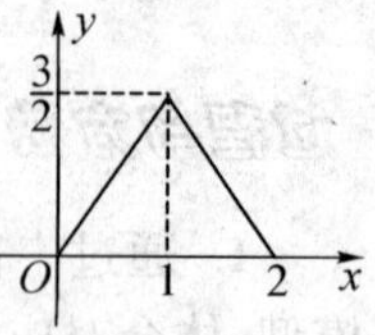

(第 5 题)

6. 已知 $f(x)=\begin{cases}x-5 & (x\geqslant 6)\\ f(x+2) & (x<6)\end{cases}(x\in\mathbf{N})$，那么 $f(3)=$________。

7. 如图，函数 $f(x)$ 的图象是两条线段，则 $f\left[f\left(\dfrac{1}{3}\right)\right]=$________。

8. 已知函数 $f(x)$ 满足 $2f(x)+f(-x)=3x+4$，求 $f(x)$ 的解析式。

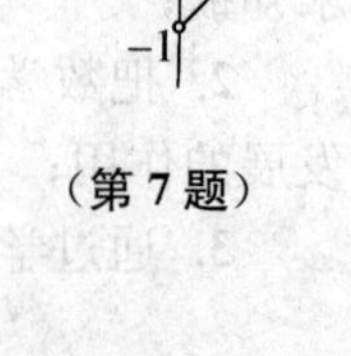

(第 7 题)

9. 已知函数 $f(x-1)=x^2-4x$,求函数 $f(x)$,$f(2x+1)$的解析式。

10. 已知 $f(x)$是二次函数,且 $f(x+1)+f(x-1)=2x^2-4x$,求 $f(x)$的解析式。

11. 一个面积为 100 cm^2 的等腰梯形,上底长为 x cm,下底长为上底长的 3 倍,则把它的高 y 表示成 x 的函数为 ( )

A. $y=50x(x>0)$　　B. $y=100x(x>0)$

C. $y=\frac{50}{x}(x>0)$　　D. $y=\frac{100}{x}(x>0)$

12. 已知函数 $f(x)$、$g(x)$分别由下表给出:

x	1	2	3
$f(x)$	2	1	1

x	1	2	3
$g(x)$	3	2	1

则 $f[g(1)]$的值为________,当 $g[f(x)]=2$ 时,$x=$________。

提高题

某市营业区内住宅电话通话费为前 3 分钟 0.20 元,以后每分钟 0.10 元(不足 3 分钟按 3 分钟计,以后不足 1 分钟按 1 分钟计)。

(1) 在直角坐标系内,画出一次通话在 6 分钟内(包括 6 分钟)的通话费 y(元)关于通话时间 t(分钟)的函数图象;

(2) 如果一次通话 t 分钟($t>0$),写出通话费 y(元)关于通话时间 t(分钟)的函数关系式(可用 t 表示不小于 t 的最小整数)。

3－3　函数的单调性

知识与技能

1. 理解函数的单调性的概念,掌握判断或证明函数单调性的方法和步骤;

2. 会求函数的单调区间。

过程与方法

培养学生细心观察、认真分析、严谨论证的良好思维习惯,培养学生数形结合、辩证思维的能力。

情感态度与价值观

培养学生的逻辑推理能力和创新意识，同时，让学生经历数学美的艺术体验。

知识结构：

函数的单调性	增函数
	减函数
	判别增函数、减函数的基本方法

内容要点：增减函数的基本特征，以及用定义法证明函数的单调性。

基础练习题

1. 若(a,b)是$f(x)$的单调增区间，$x_1,x_2\in(a,b)$，且$x_1<x_2$，则有 ( )

A. $f(x_1)<f(x_2)$　B. $f(x_1)=f(x_2)$　C. $f(x_1)>f(x_2)$　D. $f(x_1)f(x_2)>0$

2. 函数$y=(x-2)^2$的单调递减区间为 ( )

A. $[0,+\infty)$　B. $(+\infty,0]$　C. $[2,+\infty)$　D. $(-\infty,2]$

3. 下列函数中，在区间$(0,2)$上递增的是 ( )

A. $y=\frac{1}{x}$　B. $y=-x$　C. $y=|x-1|$　D. $y=x^2+2x+1$

4. 设函数$y=(2a-1)x$在$\mathbf{R}$上是减函数，则有 ( )

A. $a\geqslant\frac{1}{2}$　B. $a\leqslant\frac{1}{2}$　C. $a>\frac{1}{2}$　D. $a<\frac{1}{2}$

5. 如果函数$f(x)=x^2+2(1-a)x+2$在区间$(-\infty,2]$上是减函数，那么实数a的取值范围是 ( )

A. $a\leqslant3$　B. $a\geqslant3$　C. $a\geqslant-3$　D. $a\leqslant-3$

6. 函数$y=|x-1|$的单调递增区间是________；函数$f(x)=\sqrt{-x^2-2x+3}$的单调递增区间是________。

7. 已知函数$f(x)$在$(0,+\infty)$上是增函数，则$a=f(\sqrt{2})$，$b=f\left(\frac{\pi}{2}\right)$，$c=f\left(\frac{3}{2}\right)$的大小关系是________________。

8. 若二次函数$f(x)=5x^2+mx+4$在区间$(-\infty,-1]$是减函数，在区间$(-1,+\infty)$上是增函数，则$f(1)=$________。

9. 证明函数$f(x)=1-\frac{1}{x}$在$(-\infty,0)$上是增函数。

10. 判断函数$y=x+\frac{1}{x}$在区间$[1,+\infty)$上的单调性，并给出证明。

提高题

已知函数 $y=f(x)$在$(0,+\infty)$上是减函数，且 $f(m^2-2m)>f(m)$，求 m 的取值范围。

3-4　函数的奇偶性

知识与技能

1. 理解奇函数、偶函数的概念及其几何意义；
2. 掌握判断函数奇偶性的方法。

过程与方法

1. 通过实例教学，使学生明确奇(偶)函数概念的形成过程，强化数形结合、等价转化思想的训练；
2. 培养学生判断、推理的能力。

情感态度与价值观

在经历概念形成的过程中，培养学生归纳、抽象、概括的能力，体验数学既是抽象的，又是具体的，提高学生提出问题、分析问题、解决问题的能力。

知识结构：

函数的奇偶性	偶函数
	奇函数
	判断函数奇偶性的方法

内容要点：判断函数奇偶性的步骤。

基础练习题

1. 给出下列四个函数：$y=x^3+x$；$y=x^3(x>0)$；$y=x^3+1$；$y=x^3$，其中是奇函数的有　(　　)

A. 1个　　B. 2个　　C. 3个　　D. 4个

2. 函数 $f(x)=-x$ 的图象关于　(　　)

A. y 轴对称　　B. 直线 $y=-x$ 对称

C. 坐标原点对称　　D. x 轴对称

3. 已知 $f(x)$为奇函数，$g(x)$为偶函数，且它们都恒不为0，则 $f(x)\cdot g(x)$的奇偶性是　(　　)

A. 奇函数　　B. 偶函数　　C. 非奇非偶函数　　D. 不能确定

4. 对于定义域为 **R** 的奇函数 $f(x)$,下列结论成立的是 ( )

A. $f(x)-f(-x)>0$ B. $f(x)-f(-x)\leqslant 0$

C. $f(x)\cdot f(-x)>0$ D. $f(x)\cdot f(-x)\leqslant 0$

5. 下列结论中正确的是 ( )

A. 偶函数的图象一定与 y 轴相交

B. 奇函数 $y=f(x)$ 在 $x=0$ 处有定义,则 $f(0)=0$

C. 奇函数 $y=f(x)$ 的图象一定过原点

D. 图象过原点的奇函数必是单调函数

6. 若函数 $y=(x+1)(x-a)$ 为偶函数,则 $a=$ ( )

A. -2 B. -1 C. 1 D. 2

7. 设定义在 **R** 内的函数 $f(x)=x|x|$,则 $f(x)$ ( )

A. 既是奇函数,又是增函数 B. 既是偶函数,又是增函数

C. 既是奇函数,又是减函数 D. 既是偶函数,又是减函数

8. 函数 $y=\sqrt{1-x^2}+\sqrt{x^2-1}$ 的奇偶性是 ________。

9. 设函数 $y=f(x)$ 是奇函数,若 $f(-2)+f(-1)-3=f(1)+f(2)+3$,则 $f(1)+f(2)=$ ________。

10. 判断函数 $y=\dfrac{1}{x^2}-1$ 的奇偶性。

提高题

1. 已知 $f(x)=x^5+ax^3+bx-8$,且 $f(-2)=10$,那么 $f(2)$ 等于 ( )

A. -26 B. -18 C. -10 D. 10

2. 已知函数 $f(x)=ax^2+bx+3a+b$ 是偶函数,且定义域为 $[a-1,2a]$,则 $a=$ ________;$b=$ ________。

3-5 函数的应用

知识与技能

1. 通过实例能根据图象信息建立分段函数模型,根据表格提供的数据抽象出函数模型;

2. 根据图表信息建立函数模型后,要会利用所建的函数模型解决实际问题,体现函数模型的应用价值;

3. 解决数学应用性问题,是培养学生阅读理解、抽象概括、数据处理、语言转换等数学能力的良好契机。

过程与方法

1. 函数模型的应用实例源于生产、生活实际，通过实例分析，学生可感受到函数的广泛应用，并体会到建立函数模型解决实际问题的思维过程；

2. 在实例的分析和解决过程中，需要运用函数与方程、数形结合、分类讨论、化归转换等数学思想方法，学生可从中领悟这些数学思想方法的内涵特征。

情感态度与价值观

1. 通过函数建模解决问题，是数学“问题解决”的教学情境之一，借此可激发学生学习数学的兴趣，增强学生学好数学的信心；

2. 数学建模是培养学生的应用意识、创新意识、探索精神和实践能力的重要途径，通过函数建模解决实际问题可以优化学生的理性思维和求真务实的科学态度；

3. 函数概念源于生产、生活实际，通过函数建模又能够解决实际问题，学生可从中领悟到“知识来源于实践又服务于实践”的辩证观点。

知识结构：

函数的应用	根据图象信息建立分段函数模型
	根据表格提供的数据抽象出函数模型

内容要点：建立模型之后，利用所建的函数模型解决实际问题。

基础练习题

1. 商店某种货物的进价下降了 8%，但销售价没变，于是这种货物的销售利润率由原来的 $r\%$ 增加到 $(r+10)\%$，那么 r 的值等于　(　　)

A. 12　　B. 15　　C. 25　　D. 50

2. 如右图所示，点 P 在边长为 1 的正方形 $ABCD$ 的边上运动，设 M 是 CD 边的中点，则当点 P 沿着 $A—B—C—M$ 运动时，以点 P 经过的路程 x 为自变量，三角形 APM 的面积函数的图象形状大致是　(　　)

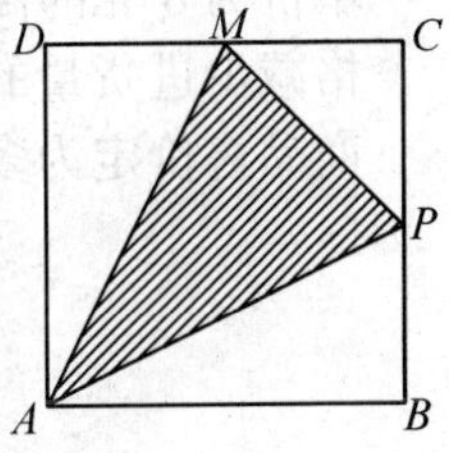

(第 2 题)

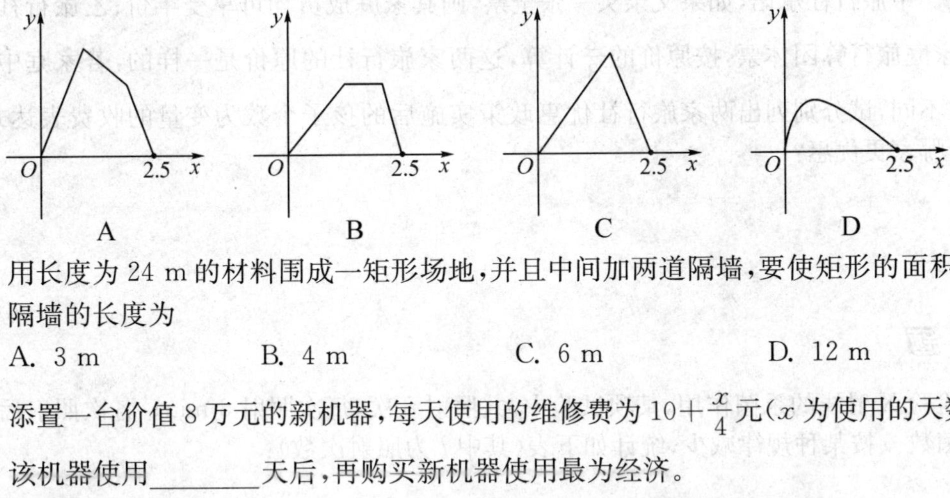

3. 用长度为 24 m 的材料围成一矩形场地，并且中间加两道隔墙，要使矩形的面积最大，则隔墙的长度为　(　　)

A. 3 m　　B. 4 m　　C. 6 m　　D. 12 m

4. 添置一台价值 8 万元的新机器，每天使用的维修费为 $10+\dfrac{x}{4}$ 元（x 为使用的天数），那么该机器使用________天后，再购买新机器使用最为经济。

5. 某产品的总成本 y(万元)与产量 x(台)之间的函数关系是 $y=3\ 000+20x-0.1x^2(0<x<240, x\in\mathbf{N})$,若每台产品的售价为 25 万元,则生产者不亏本时(销售收入不小于总成本)的最低产量是 ( )

A. 100 台　　B. 120 台　　C. 150 台　　D. 180 台

6. 将一个底面圆的直径为 d 的圆柱截成横截面为长方形的棱柱,若这个长方形截面的一条边长为 x,对角线长为 d,截面的面积为 A,求面积 A 以 x 为自变量的函数式,并写出它的定义域。

7. 建筑一个容积为 8 000 m^2,深为 6 m 的长方体蓄水池,池壁的造价为 a 元/m^2,池底的造价为 $2a$ 元/m^2,把总造价 y(元)表示为底的一边长为 x(m)的函数。

8. 如图,灌溉渠的横截面是等腰梯形,底宽 2 m,边坡的倾角为 45°,水深 h m,求横断面中有水面积 A(m^2)与水深 h(m)的函数关系式。

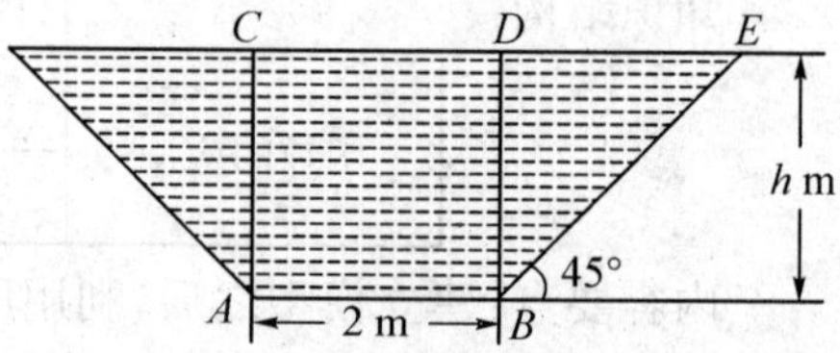

(第 8 题)

9. 某超市为了获取最大利润做了一番试验,若将进货单价为 8 元的商品按 10 元一件的价格出售时,每天可销售 60 件。现在采用提高销售价格减少进货量的办法增加利润,已知这种商品每涨 1 元,其销售量就要减少 10 件,问该商品售价定为多少时才能赚得利润最大,并求出最大利润。

10. 一家人(父亲、母亲、孩子)去某地旅游,有两个旅行社同时发出邀请,且有各自的优惠政策。甲旅行社承诺,如果父亲买一张全票,则其家庭成员均可享受半价;乙旅行社承诺,家庭旅行算团体票,按原价的 $\frac{2}{3}$ 计算,这两家旅行社的原价是一样的,若家庭中孩子数不同,试分别列出两家旅行社优惠政策实施后的孩子个数为变量的收费表达式,选择哪家更优惠?

提高题

1. 为了检验 X 射线的杀菌作用,某项试验中,共照射 8 次,每次照射 6 min。各次照射后所剩细菌数 y 按某种规律减少,统计如下表(其中 t 为照射次数):

t	1	2	3	4	5	6	7	8
y	355	197	142	104	56	36	21	15

(1) 如果照射 10 次,那么细菌数是多少?

(2) 如果要将细菌数控制在 4 以下,那么至少应照射几次?

2. 某工厂 2005 年 1 月、2 月、3 月生产某产品分别为 1 万件、1.2 万件、1.3 万件,为了估测以后的每个月的产量,以这个月的产量为数据,用一个函数可选用二次函数或函数 $y=ab^x+c$(其中 a,b,c 为常数)。已知 4 月份该产品的产量为 1.37 万件,请问用哪个函数作为模拟函数较好,并说明理由。

单元测试题

一、选择题

1. 下列图象能作为函数图象的是 ( )

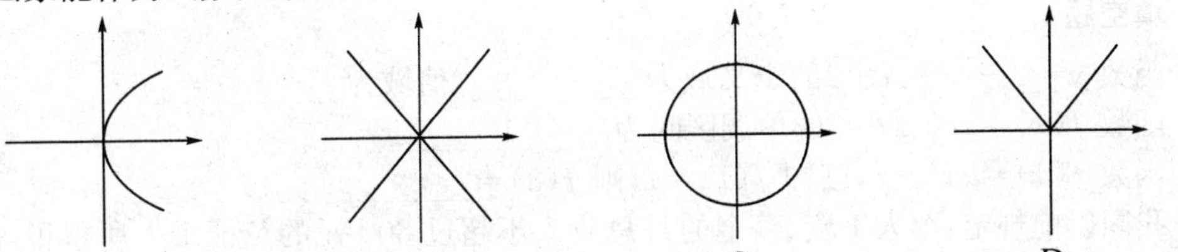

A　　B　　C　　D

2. 下列各组函数中,表示相同函数的是 ( )

A. $f(x)=x$ 与 $g(x)=\dfrac{x^2}{x}$

B. $f(x)=|x|$ 与 $g(x)=\sqrt{x^2}$

C. $f(x)=\sqrt{x^2-1}$ 与 $g(x)=\sqrt{x-1}\cdot\sqrt{x+1}$

D. $f(x)=x^0$ 与 $g(x)=1$

3. 设集合 $A=\{x|x=a^2+1,a\in\mathbf{N}\}$,$B=\{y|y=b^2-4b+5,b\in\mathbf{N}\}$,则下述关系中正确的是 ( )

A. $A=B$　　B. $A\supset B$　　C. $A\subset B$　　D. $A\cap B=\varnothing$

4. 下列函数中值域是 $\mathbf{R}^*$ 的是 ( )

A. $y=2x+1(x>0)$　　B. $y=x^2$

C. $y=\dfrac{1}{\sqrt{x^2-1}}$　　D. $y=\dfrac{2}{x}$

5. 下列函数中是偶函数,且又在区间$(-\infty,0)$上是增函数的是 (　　)

A. $y=x-x^2$　　B. $y=x^{-\frac{6}{5}}$　　C. $y=\left(\frac{1}{4}\right)^{-|x|}$　　D. $y=\log_3 x^{\frac{6}{5}}$

6. 函数$y=-x^2+4x-7$在区间$(-1,3)$上是 (　　)

A. 增函数　　B. 减函数

C. 先是增函数后是减函数　　D. 先是减函数后是增函数

7. 定义在**R**上的偶函数$f(x)$满足$f(2+x)=f(2-x)$,在区间$[-2,0]$上单调递减,设$a=f(-1.5)$,$b=f(\sqrt{2})$,$c=f(5)$,则a,b,c的大小顺序为 (　　)

A. $c<b<a$　　B. $b<c<a$　　C. $a<b<c$　　D. $b<a<c$

8. 在区间$\left[\frac{1}{2},2\right]$上,函数$f(x)=x^2+px+q$与$g(x)=2x+\frac{1}{x^2}$在同一点取得相同的最小值,那么$f(x)$在$\left[\frac{1}{2},2\right]$上的最大值是 (　　)

A. $\frac{13}{4}$　　B. 4　　C. 8　　D. $\frac{5}{4}$

9. 如右图所示,四边形$ABCD$为直角梯形,上底CD为下底AB的一半,直线l截这个梯形所得的位于此直线左方的图形面积为y,点A到直线l的距离为x,则函数$y=f(x)$的大致图象为 (　　)

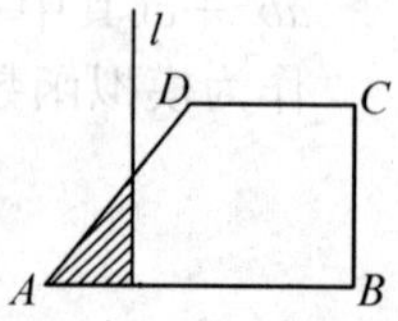

(第9题)

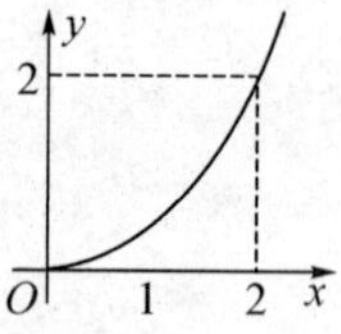

A

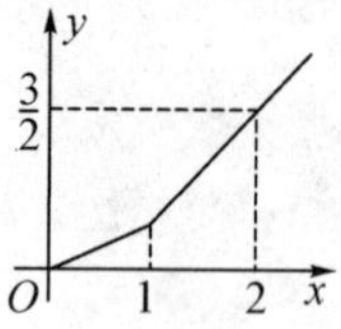

B

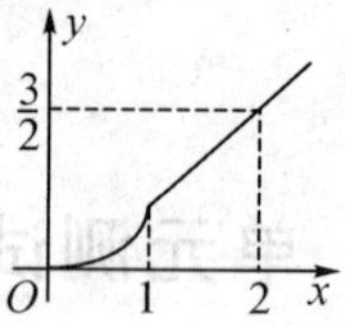

C

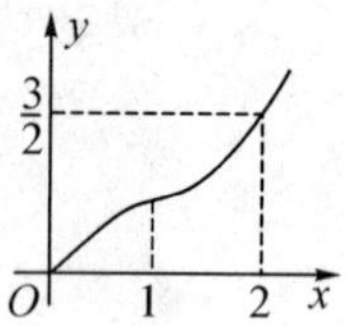

D

10. 方程$x^2-(2-a)x+5-a=0$的两根都大于2,则实数a的范围是 (　　)

A. $a<-2$　　B. $-5<a<-2$　　C. $-5<a<-4$　　D. $a>4$或$a<-4$

二、填空题

11. 函数$y=\sqrt{-x^2+x+2}$的定义域为__________,值域为____________。

12. 函数$f(x)=x^2-x+1$的单调区间为____________。

13. 函数$f(x)=ax^2-x$,已知$f(1)=1$,则$f(3)=$____________。

14. 我国以前规定:个人工资、薪金的月总收入不超过800元的免征个人所得税,超过800元部分需征税,全月应纳税的数额(记作x)为$x=$全月总收入-800(单位:元)

税率如下表:

级数	每月应纳税数额x元	税率
1	$x\leqslant500$	5%
2	$500<x\leqslant2\,000$	10%
3	$2\,000<x\leqslant5\,000$	15%
……	……	……
9	$x>100\,000$	45%

某人今年5月份工资、薪金总收入是2 645元,则此人5月份应交纳的个人所得税额为________________。

三、解答题

15. 已知一个正比例函数的图象经过点$(-3,4)$，求这个函数解析式。

16. 南京地铁票如下：7站以内是2元，8～10站是3元，最贵是4元。设乘坐的站数为x站，应付的票价为y元，试写出函数表达式。

17. 已知集合$A=\{x|x^2-ax+a^2-19=0\}$，$B=\{x|x^2-5x+6=0\}$，集合$C=\{x|x^2+2x-8=0\}$，满足$A\cap B\supset\varnothing$，$A\cap C=\varnothing$，求实数$a$的值。

课外拓展

函数小史

数学史表明，重要的数学概念的产生和发展，对数学发展起着不可估量的作用。有些重要的数学概念对数学分支的产生起着奠定性的作用。我们刚学过的函数就是这样的重要概念。

自哥白尼的天文学革命以后，运动就成了文艺复兴时期科学家共同感兴趣的问题，人们在思索：既然地球不是宇宙中心，它本身又有自转和公转，那么下降的物体为什么不发生偏斜而还要垂直下落到地球上？行星运行的轨道是椭圆，原理是什么？还有，研究在地球表面上抛射物体的路线、射程和所能达到的高度，以及炮弹速度对于高度和射程的影响等问题，既是科学家的力图解决的问题，也是军事家要求解决的问题。函数概念就是从运动的研究中引申出的一个数学概念，这是函数概念的力学来源。

在笛卡尔引入变量以后，变量和函数等概念日益渗透到科学技术的各个领域。纵览宇宙，运算天体，探索热的传导，揭示电磁秘密，这些都和函数概念息息相关。正是在这些实践过程中，人们对函数的概念不断深化。

最早提出函数(*function*)概念的，是17世纪德国数学家莱布尼茨。最初莱布尼茨用"函数"一词表示幂，如$y=kx+b$都叫函数。以后，他又用函数表示在直角坐标系中曲线上一点的横坐标、纵坐标。

1718年，莱布尼茨的学生、瑞士数学家贝努利把函数定义为："由某个变量及任意的一个常数结合而成的数量。"意思是凡变量x和常量构成的式子都叫做x的函数。贝努利所强调的是函数要用公式来表示。

后来数学家觉得不应该把函数概念局限在只能用公式来表达上。只要一些变量变化,另一些变量能随之而变化就可以,至于这两个变量的关系是否要用公式来表示,就不作为判别函数的标准。

1755 年,瑞士数学家欧拉把函数定义为:“如果某些变量,以某一种方式依赖于另一些变量,即当后面这些变量变化时,前面这些变量也随着变化,我们把前面的变量称为后面变量的函数。”在欧拉的定义中,就不强调函数要用公式表示了。由于函数不一定要用公式来表示,欧拉曾把画在坐标系的曲线也叫函数。他认为:“函数是随意画出的一条曲线。”

当时有些数学家对于不用公式来表示函数感到很不习惯,有的数学家甚至抱怀疑态度。他们把能用公式表示的函数叫“真函数”,把不能用公式表示的函数叫“假函数”。1821 年,法国数学家柯西给出了类似现在课本的函数定义:“在某些变数间存在着一定的关系,当一经给定其中某一变数的值,其他变数的值可随着而确定时,则将最初的变数叫自变量,其他各变数叫做函数。”在柯西的定义中,首先出现了自变量一词。

1834 年,俄国数学家罗巴契夫斯基进一步提出函数的定义:“x 的函数是这样的一个数,它对于每一个 x 都有确定的值,并且随着 x 一起变化。函数值可以由解析式给出,也可以由一个条件给出,这个条件提供了一种寻求全部对应值的方法。函数的这种依赖关系可以存在,但仍然是未知的。”这个定义指出了对应关系(条件)的必要性,利用这个关系,可以来求出每一个 x 的对应值。

1837 年,德国数学家狄里克雷认为怎样去建立 x 与 y 之间的对应关系是无关紧要的,所以他的定义是:“如果对于 x 的每一个值,y 总有一个完全确定的值与之对应,则 y 是 x 的函数。”这个定义抓住了概念的本质属性,变量 y 称为 x 的函数,只需有一个法则存在,使得这个函数取值范围中的每一个值,有一个确定的 y 值和它对应就行了,不管这个法则是公式或图象或表格或其他形式。这个定义比前面的定义带有普遍性,为理论研究和实际应用提供了方便。因此,这个定义曾被比较长期的使用着。

自从德国数学家康托尔的集合论被大家接受后,用集合对应关系来定义函数概念就是现在课本里用的了。

中文数学书上使用的“函数”一词是转译词。是我国清代数学家李善兰在翻译《代数学》(1895 年)一书时,把“*function*”译成“函数”的。中国古代“函”字与“含”字通用,都有着“包含”的意思。李善兰给出的定义是:“凡式中含天,为天之函数。”中国古代用天、地、人、物 4 个字来表示 4 个不同的未知数或变量。这个定义的含义是:“凡是公式中含有变量 x,则该式子叫做 x 的函数。”所以“函数”是指公式里含有变量的意思。

我们可以预测,关于函数的争论、研究、发展、拓广将不会完结,也正是这些影响着数学及其相邻学科的发展。

期中测试题

一、选择题(本大题共10小题,每小题4分,共40分,在每小题给出的四个选项中,只有一项是符合题目要求的)

题号	1	2	3	4	5	6	7	8	9	10
答案										

1. 设 $S=\{1,2,3\}$,$M=\{1,2\}$,$N=\{1,3\}$,那么$(\complement_S M)\cap(\complement_S N)$等于 (　　)

A. $\varnothing$　　B. $\{1,3\}$　　C. $\{1\}$　　D. $\{2,3\}$

2. 不等式$(x-1)(2-x)<0$的解集为 (　　)

A. $\{x|x<1$ 或 $x>2|\}$　　B. $\{x|-2<x<1\}$

C. $\{x|x<-2$ 或 $x>1\}$　　D. $\{x|1<x<2\}$

3. 下列函数中,与函数 $y=x$ 是同一个函数的是 (　　)

A. $y=(\sqrt{x})^2$　　B. $y=\dfrac{x^2}{x}$　　C. $y=\sqrt[3]{x^3}$　　D. $y=\sqrt{x^2}$

4. 不等式$\left|1-\dfrac{1}{2}x\right|<1$的解是 (　　)

A. $\{x|x<0$ 或 $x>4\}$　　B. $\{x|x<-4$ 或 $x>0\}$

C. $\{x|0<x<4\}$　　D. $\{x|-4<x<0\}$

5. 若函数 $f(x)=\sqrt{mx^2+mx+1}$的定义域为 $\mathbf{R}$,则实数 m 的取值范围是 (　　)

A. $0<m<4$　　B. $0\leqslant m\leqslant 4$　　C. $m\geqslant 4$　　D. $0<m\leqslant 4$

6. 函数 $f(x)=x+\dfrac{1}{x}(x\neq 0)$是 (　　)

A. 奇函数,且在$(0,1)$上是增函数　　B. 奇函数,且在$(0,1)$上是减函数

C. 偶函数,且在$(0,1)$上是增函数　　D. 偶函数,且在$(0,1)$上是减函数

7. 下列幂函数中,过点$(0,0)$、$(1,1)$的偶函数是 (　　)

A. $y=x^{\frac{1}{2}}$　　B. $y=x^4$　　C. $y=x^{-2}$　　D. $y=x^{\frac{1}{3}}$

8. 函数 $y=x^2-4x+3$ 的值域是 (　　)

A. $\mathbf{R}$　　B. $(0,+\infty)$　　C. $[-1,\infty)$　　D. $(3,+\infty)$

9. 函数 $y=\sqrt{3x-x^2}$的定义域是 (　　)

A. $(-\infty,0)$　　B. $(0,3)$　　C. $[0,3]$　　D. $[-3,0]$

10. 已知函数 $f(x)=ax^3+bx+2$,且 $f(2)=1$,则 $f(-2)=$ (　　)

A. 1　　B. -1　　C. 3　　D. -3

二、填空题(本大题共6个小题，每小题4分，共24分，把答案直接填在题中的横线上)

11. 已知 $x\in\{1,2,x^2\}$，则 $x=$________。

12. 已知函数 $f(2x)=3x-1$，且 $f(a)=4$，则 $a=$________。

13. 已知 $f(x)=\begin{cases}3x^2-2(x>0)\\ \pi(x=0)\\ -1(x<0)\end{cases}$，则 $f(7)=$________，$f(-1)=$________。

14. 将长度为 a 的铁丝折成矩形，则矩形面积 y 关于一边长 x 的函数关系是________，其定义域为____________。

15. 定义在区间 $[a,b]$ 上的增函数 $f(x)$，最大值是________，最小值是________。

16. 函数 $y=x^2-4x+6$，$x\in[1,5]$ 的值域是________。

三、解答题(解答应写出文字说明，证明过程或演算步骤。共36分)

得分	评卷人

17. (8分)若 $A=\{x\mid x^2-5x+6=0\}$，$B=\{x\mid ax-6=0\}$，且 $A\cup B=A$，求由实数 a 组成的集合 C。

得分	评卷人

18. (8分)已知一次函数 $f(x)=kx+b$，若 $f[f(x)]=9x+3$，求 $f(x)$ 的解析式。

得分	评卷人

19. (12 分)(1) 已知函数 $f(x)=\dfrac{(x+1)^0}{\sqrt{|x|-x}}$,求 $f(-2)$的值和函数的定义域;

(2) 求函数 $f(x)=\sqrt{-x^2-2x+3}$的定义域和值域。

得分	评卷人

20. (8 分)讨论函数 $f(x)=\dfrac{k}{1+x^2}(k\neq 0)$在区间$[0,+\infty)$上的单调性。

四、选做题(10 分)

得分	评卷人

已知函数 $y=f(x)$的图象如图所示,求:

(1) $y=f(x)$的解析式;

(2) $y=f(x)$的反函数 $y=f^{-1}(x)$,并画出它的图象。

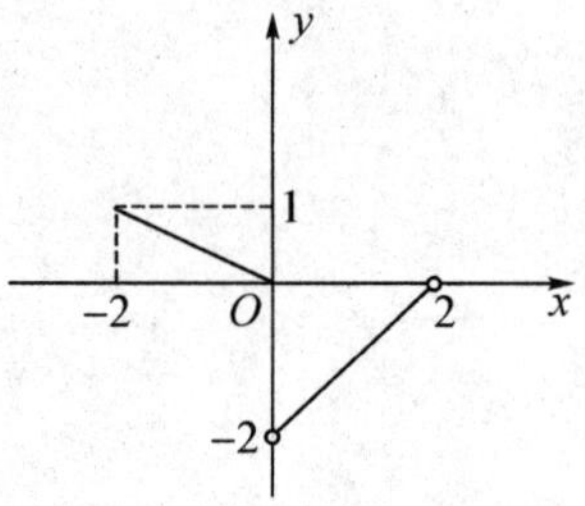

第 4 章　指数函数与对数函数

4－1　实数指数幂

知识与技能

1. 识记 n 次方根的概念，能区分奇次方根、偶次方根和 n 次算术根；
2. 能描述分数指数幂的定义；会把简单的根式化为分数指数幂的形式；
3. 识记有理指数幂的运算性质，会进行简单的有理指数幂的运算。

过程与方法

以任务单为导线，以"问题的解决"为中心的讨论发现法为载体，进行"学疑结合、学思结合、学用结合"的学习方法，达到"学以致用，学以会用"的目标。

情感态度与价值观

结合实数指数幂的教学内容，使学生体验数学的科学价值和应用价值，培养学生学习数学的兴趣和"用数学"的意识，培养学生善于观察、勇于探索的良好习惯和严谨的科学态度，激励学生勇于创新，勇于克服困难的精神，提高学生分析问题、解决问题的能力。

知识结构：

<table>
<tr><td rowspan="3">实数指数幂</td><td rowspan="2">n 次方根</td><td>当 n 为奇数时，方根只有一个，记作$\sqrt[n]{a}$</td></tr>
<tr><td>当 n 为偶数时，方根有两个，记作$\pm\sqrt[n]{a}$</td></tr>
<tr><td colspan="2">整数指数幂及正整数指数幂的运算性质</td></tr>
</table>

内容要点：有理指数幂的运算，实数指数幂的综合运算。

基础练习题

1. 求下列幂的值。

$(\sqrt[2]{9})^2=$ ________；　$(\sqrt[3]{-27})^3=$ ________；　$(-3)^0=$ ________；

$3^{-1}=$ ________；　$(p-q)^0=$ ________ $(p\neq q)$。

2. 将下列各分数指数幂写成根式的形式。

$5^{\frac{2}{5}}=$ ________；　$0.064^{-\frac{4}{3}}=$ ________；　$(-27)^{-\frac{2}{3}}=$ ________；$p^{\frac{5}{3}}=$ ________ $(p\neq 0)$。

3. 将下列各根式写成分数指数幂的形式 $(a>0)$。

$\sqrt[5]{a^3}=$ ________；$\dfrac{1}{\sqrt[5]{a^6}}=$ ________。

4. 求下列各式的值。

$9^{\frac{3}{2}}=$________；　$27^{-\frac{2}{3}}=$________；　$125^{-\frac{1}{3}}=$________；

$\left(\frac{3^2}{4^3}\right)^{-\frac{1}{2}}+(-5.6)^0=$________；　$\left(\frac{3}{7}\right)^{-5}\times\left(\frac{3}{17}\right)^0\times\left(\frac{9}{49}\right)^2=$________；

$(-2)^2\times 64^{-\frac{1}{3}}=$________；　$(0.125)^{\frac{1}{3}}\times(0.04)^{\frac{1}{2}}=$________。

5. 化简下列各式。

$(\sqrt[2]{9})^2\times\sqrt[4]{16}=$　　$0.01^{-\frac{1}{2}}+\left(5\frac{1}{16}\right)^{\frac{3}{4}}-\left(\frac{8}{27}\right)^{-\frac{2}{3}}=$

$\sqrt{8}\cdot\sqrt[3]{4}\cdot\sqrt[3]{2\sqrt{2}}=$　　$\frac{\sqrt[3]{a\sqrt{b}}}{\sqrt{b\sqrt{a}}}=$

提高题

有一种微生物，生存周期为12小时，每半小时分裂一次，假设在培养皿中有1只该种生物，经过4小时20分钟后，该培养皿中有多少只该微生物？

4－2　幂函数

知识与技能

1. 理解幂函数的概念，能判断幂函数；
2. 结合幂函数的图象，描述函数的定义域；
3. 初步掌握利用幂函数的定义判断幂函数的方法；
4. 能结合生活，举出幂函数的实例。

过程与方法

1. 引导学生通过观察、归纳、抽象、概括出幂函数的性质，培养学生抽象概括和识图的能力，能运用幂函数概念解决简单的问题；

2. 使学生领会数形结合的数学思想方法，培养学生发现问题、分析问题、解决问题的能力。

情感态度与价值观

通过生活实例引出幂函数的概念，使学生体会到数学在实际生活中的应用，激发学生的学习兴趣，进一步渗透数形结合的思想方法，体会幂函数的变化规律及其中蕴含的对称性。

知识结构：

幂函数 $y=x^a$ ($a\in\mathbf{R}$ $a\neq0$)	$a>1$	幂函数的图象都经过(1,1)；幂函数没有统一的定义域
	$a=1$	
	$0<a<1$	
	$a<0$	

内容要点：幂函数的定义域根据具体情况而定；在具体问题情境中，利用幂函数的函数关系式解题的关键是将解析式中各部分的对应关系弄清楚。

基础练习题

1. 幂函数 $y=x^{\frac{5}{9}}$ 的定义域是__________，值域是__________；

幂函数 $y=x^{-\frac{5}{9}}$ 的定义域是__________，值域是__________；

幂函数 $y=x^{\frac{5}{6}}$ 的定义域是__________，值域是__________；

幂函数 $y=x^{-\frac{5}{6}}$ 的定义域是__________，值域是__________。

2. 试写出函数 $y=\sqrt{x}$ 的单调区间____________________。

3. 用“>”“<”或“=”号填空。

$2^{1.02}$________$2^{1.13}$；　3^{-2}________3^{-3}；　$(-1)^2$________$(-1)^3$。

4. 有一种放射性元素，原子核质量为 x，假设它的半衰期为 2 天(每经过 2 天原子核有一半的质量因为衰变而减少)，经过 12 天后，原子核质量还剩多少？

5. 试画出函数 $y=x^3$ 的图象。

6. 求函数 $y=x^{\frac{1}{2}}+(x-2)^{\frac{1}{3}}$ 的定义域。

7. 判断下列关系是否构成幂函数关系。

(1) 圆周长 l 与半径 r　(　　)

(2) 正方体体积 V 与棱长 a　(　　)

(3) 三角形面积 S 和高 h　(　　)

8. 幂函数的图象都经过点 (　　)

A. (1,1)　　B. (0,0)　　C. (−1,1)　　D. (−1,−1)

9. 函数 $y=x^{\frac{2}{3}}$ 的图象经过 (　　)

A. 一,二象限　　B. 一,三象限

C. 一,四象限　　D. 二,三象限

提高题

求下列幂函数的定义域,并指出其奇偶性,单调性。

(1) $y=x^3$;(2) $y=x^{\frac{1}{2}}$;(3) $y=x^{-2}$。

4-3　指数函数

知识与技能

1. 理解指数函数的概念和意义,掌握指数函数的图象和性质,并能自觉、灵活地运用性质(单调性、底数变化图象的变化规律、中介值)比较大小;

2. 能描述两类指数函数的图象特征,从图象认识函数值随自变量变化的无限趋势,体会"无限"的意义,从中归纳指数函数的定义域、值域。

过程与方法

1. 体会从特殊到一般再到特殊的研究问题的方法,培养学生观察、猜想、归纳、概括的能力;

2. 从数和形两方面理解指数函数的性质,体会数形结合、分类讨论的数学思想方法,提高思维的灵活性,培养学生直观、严谨的思维品质。

情感态度与价值观

1. 体验从特殊到一般再到特殊的学习规律,认识事物之间的普遍联系与相互转化,培养学生用联系的观点看问题,激发学生自主探究的精神,在探究过程中体验合作学习的乐趣;

2. 让学生在数形结合中感悟数学的统一美、和谐美,进一步培养学生的学习兴趣。

知识结构:

<table>
<tr><td rowspan="2">指数函数</td><td>$a>1$</td><td rowspan="2">图象、性质</td></tr>
<tr><td>$0<a<1$</td></tr>
<tr><td></td><td colspan="2">图象和性质的应用</td></tr>
</table>

内容要点:正确表述指数函数的定义域,区分指数函数和幂函数,会用图象和性质解决实际问题。

基础练习题

1. 一个细胞分裂 6 次后，由一个变成________个。

2. 函数 $y=2^x$ 在$(-\infty,+\infty)$上是单调________（填“增加”或“减少”）。

3. 用“>”“<”或“=”号填空。

7^3 ________ 7^4；　0.4^2 ________ 0.4^{-2}；　2^2 ________ $2^{2.1}$；　3^0 ________ 1

4. 试画出 $y=2^x$ 的图象。

5. 函数 $y=a^{x-2}$ 必定经过　（　　）

A. $(1,1)$　B. $(2,1)$　C. $(-1,1)$　D. $(1,-2)$

6. 求下列函数的定义域：

(1) $y=\sqrt{2}^{x}$；(2) $y=0.5^{\frac{1}{x+3}}$；(3) $y=\left(\frac{3}{4}\right)^{\sqrt{x+2}}$；(4) $y=\left(1\frac{1}{2}\right)^{\frac{\sqrt{x+1}}{x-2}}$

7. 函数 $y=a^x$ 在$[0,1]$上的最大值与最小值的和为 3，则 $a=$　（　　）

A. $\frac{1}{2}$　B. 2　C. 4　D. $\frac{1}{4}$

8. $y=0.2^{\sqrt{x-1}}$ 的值域是　（　　）

A. $(-\infty,0)$　B. $[1,+\infty)$　C. $(0,1]$　D. $(-\infty,1]$

9. 已知函数 $f(x)=3^x$，计算：

(1) $f(1)-f(0)$；　(2) $f(2)-f(1)$；　(3) $f(3)-f(2)$。

提高题

求函数 $y=2^{x^2+2x-1}$ 的值域和单调区间。

4－4　对数的概念

知识与技能

1. 理解对数的概念，了解对数与指数的关系；

2. 掌握对数式与指数式的互化；理解对数的性质，掌握对数知识并形成技能。

过程与方法

通过师生观察分析得出对数的概念及对数式与指数式的互化;通过学生分组探究进行活动,掌握对数的重要性质;培养学生的类比、分析、归纳、等价转化能力。

情感态度与价值观

培养学生大胆探索,不断创新的研究精神;培养学生严谨的思维品质,使学生认识到数学的科学价值、应用价值和文化价值。

知识结构:

对数的概念	对数式	底数、真数、对数
	对数式与指数式互化	底数、指数、幂、真数
	两个常用对数	常用对数、自然对数

内容要点:对数的概念、对数式与指数式互化、两个常用对数。

基础练习题

1. 已知 $f(10^x)=x$,则 $f(2)=$ ( )

A. 10^2 B. 2^{10} C. lg2 D. lg10

2. 对于 $a>0, a\neq 1$,下列说法中,正确的是 ( )

①若 $M=N$,则 $\log_a M=\log_a N$;②若 $\log_a M=\log_a N$,则 $M=N$;③若 $\log_a M^2=\log_a N^2$,则 $M=N$;④若 $M=N$,则 $\log_a M^2=\log_a N^2$。

A. ①②③④ B. ①③ C. ②④ D. ②

3. 若 $2^{x-1}=10$,则 $x=$________。

4. 不等式 $\log_2(x+2)>2$ 的解集为________。

5. 若 $3\lg 2=2\lg x$,则 $x=$________。

6. 已知 $\log_a 2=m, \log_a 3=n$,则 $a^{2m+n}=$________。

7. 已知 $\log_{\frac{1}{2}} b<\log_{\frac{1}{2}} a<\log_{\frac{1}{2}} c$,则 a,b,c 的大小关系是__________。

8. 计算:$\dfrac{\lg 2+\lg 5-\lg 8}{\lg 50-\lg 40}$。

9. 计算:$\lg 25+\dfrac{2}{3}\lg 8+\lg 5\cdot\lg 20+(\lg 2)^2$。

10. 对于 $0<a<1$，给出下列四个不等式：

①$\log_a(1+a)<\log_a\left(1+\frac{1}{a}\right)$　　②$\log_a(1+a)>\log_a\left(1+\frac{1}{a}\right)$

③$a^{1+a}<a^{1+\frac{1}{a}}$　　④$a^{1+a}>a^{1+\frac{1}{a}}$

其中成立的是________。

提高题

1. 设 $3^a=5^b=\sqrt{15}$，求 $\frac{1}{a}+\frac{1}{b}$ 的值。

2. 已知 $\log_3 10=a$，$\log_6 25=b$，用 a，b 表示 $\log_4 45$。

4－5　对数的运算

知识与技能

1. 从特殊到一般发现对数的运算性质；

2. 理解并准确记忆对数运算性质，会运用对数运算性质进行简单的对数运算。

过程与方法

独立思考，积极讨论，让学生探究并推算出对数的运算性质，培养逆向思维能力。

情感态度与价值观

通过对数运算性质的探究，让学生感觉对数运算性质的重要性，增加学生的成就感，增强学习的积极性。

知识结构：

对数的运算	积的对数	积的对数的运算性质
	商的对数	商的对数的运算性质
	幂的对数	幂的对数的运算性质

内容要点：积的对数、商的对数、幂的对数。

基础练习题

1. 计算$(\lg5)^2+\lg2\cdot\lg50$等于 ( )

A. 0　B. 1　C. 2　D. 3

2. 已知$a=\log_3 2$,那么$\log_3 8-2\log_3 6$用a表示是 ( )

A. $a-2$　B. $3a-(1+a)^2$　C. $3a-1$　D. $3a-a^2$

3. 若$\log_2[\log_3(\log_4 x)]=\log_3[\log_4(\log_2 y)]=\log_4[\log_2(\log_3 z)]=0$,则$x+y+z=$ ( )

A. 52　B. 61　C. 89　D. 111

4. 已知$\log_7[\log_3(\log_2 x)]=0$,则$x^{-\frac{1}{2}}$等于 ( )

A. $\frac{\sqrt{3}}{3}$　B. $\frac{1}{2}$　C. $\frac{\sqrt{2}}{4}$　D. $\frac{\sqrt{3}}{6}$

5. 如果$\log_3 m+\log_3 n=4$,那么$m+n$的最小值是 ( )

A. 4　B. 9　C. $4\sqrt{3}$　D. 18

6. $2\log_5 10+\log_5 0.25=$________。

7. 化简$2^3+\log_{0.5}4=$________。

8. $(\log_2 5+\log_4 0.2)(\log_5 2+\log_{25} 0.5)=$________。

9. 计算:$2(\lg\sqrt{2})^2+\lg\sqrt{2}\lg5+\sqrt{(\lg\sqrt{2})^2-2\lg\sqrt{2}+1}$。

10. 计算:$\dfrac{\lg5\cdot\lg8\,000+(\lg2^{\sqrt{3}})^2}{\lg600-\frac{1}{2}\lg0.036-\frac{1}{2}\lg0.1}$。

11. 化简:$\lg5(\lg8+\lg1\,000)+(\lg2^{\sqrt{3}})^2+\lg\frac{1}{6}+\lg0.06$。

12. 已知$0<x<y<a<1$,则下列式子中正确的是 ( )

①$\log_a(xy)<0$;　②$0<\log_a(xy)<1$;

③$1<\log_a(xy)<2$;　④$\log_a(xy)>2$.

13. 以下六个等式(其中$a>1$,且$a\neq1$,$x>y>0$)

①$\log_a 1=0$　②$\log_a x\cdot\log_a y=\log_a(x+y)$

③$\log_a(x+y)=\log_a x+\log_a y$　④$\log_a a=1$

⑤$\log_a(x-y)=\dfrac{\log_a x}{\log_a y}$　⑥$\log_a\dfrac{x}{y}=\log_a(x-y)$

其中正确的是__________(填序号)。

提高题

1. 若 a,b,c 为正数，且 $a^2+b^2=c^2$。

(1) 化简 $\log_2\left(1+\frac{b+c}{a}\right)+\log_2\left(1+\frac{a-c}{b}\right)$；

(2) 若 $\log_4\left(1+\frac{b+c}{a}\right)=1,\log_8(a+b+c)=\frac{2}{3}$，求 a,b,c 的值。

2. 已知 $f(x)=x^2-x+b,f(\log_2 a)=b,\log_2 f(a)=2(a\neq1)$，求 $f(\log_2 x)$ 的最小值及对应的 x 值。

4－6　对数函数

知识与技能

1. 理解对数函数的概念；
2. 掌握对数函数的性质，了解对数函数在生产实际中的简单应用。

过程与方法

培养学生数学交流的能力和与人合作的精神，用联系的观点分析问题，通过对数函数的学习，渗透数形结合的数学思想。

情感态度与价值观

通过学习对数函数的概念、图象和性质，使学生体会知识之间的内在联系，激发学生的学习兴趣。

知识结构：

对数函数	对数函数的定义	定义域、值域
	对数函数的图象	图象特征
	对数函数的性质	单调性

内容要点：对数函数的定义、对数函数的图象、对数函数的性质。

基础练习题

1. 若 $0<a<1$,则 $\log_3\log_2 a$ 是　　(　　)

A. 正数　　B. 负数　　C. 0　　D. 没有意义

2. 函数 $f(x)=\frac{1}{\log_2(-x^2+4x-3)}$ 的定义域为　　(　　)

A. $(-\infty,1)\cup(3,+\infty)$　　B. $(1,3)$

C. $[1,3]$　　D. $(1,2)\cup(2,3)$

3. 若 $y=\log_5 6\cdot\log_6 7\cdot\log_7 8\cdot\log_8 9\cdot\log_9 10$,则　　(　　)

A. $y\in(2,3)$　　B. $y\in(1,2)$　　C. $y\in(0,1)$　　D. $y=1$

4. 若 $\log_3 a<0$, $\left(\frac{1}{3}\right)^b>1$,则　　(　　)

A. $0<a<1, b<0$　　B. $a>1, b>0$

C. $0<a<1, b>0$　　D. $a>1, b<0$

5. $y=\sqrt{\log_{\frac{1}{2}}(3x-2)}$ 的定义域是________。

6. 函数 $y=\log_{0.5}(4x-x^2)$ 的值域是________。

7. 函数 $f(x)=\log_2(ax^2+3x+a)$ 的定义域为 $\mathbf{R}$,则 a 的取值范围是________。

8. 若 $f(x)$ 的定义域为 $[0,1]$,则 $y=f[\log_{\frac{1}{2}}(3-x)]$ 的定义域为________。

9. 解方程:$\log_4(3-x)+\log_{0.25}(3+x)=\log_4(1-x)+\log_{0.25}(2x+1)$。

10. 计算:$16^{\frac{1}{4}}-\left(\frac{1}{27}\right)^{-\frac{1}{3}}-\lg\sqrt{1\,000}+(\sqrt{2}-1)^{\lg 1}$。

11. 计算:$27^{\frac{2}{3}}-2^{\log_2 3}\times\log_2\frac{1}{8}+2\lg(\sqrt{3+\sqrt{5}}+\sqrt{3-\sqrt{5}})$。

提高题

1. 若 $x\in\left(\frac{1}{e},1\right)$，$a=\ln x$，$b=2\ln x$，$c=\ln^3 x$，则 a,b,c 的大小关系为________。

2. 已知函数 $f(x)=\log_a \frac{1-x}{1+x}(a>0,a\neq1)$。

(1) 求 $f(x)$的定义域；

(2) 判断 $f(x)$的奇偶性，并证明；

(3) 求使得 $f(x)>0$ 成立的 x 的取值范围。

4－7　利用计算器求对数值

知识与技能

掌握计算器求常用对数值、自然对数值、一般底的对数值的操作方法。

过程与方法

通过观察、归纳、总结的过程，提高利用计算器运算的能力。

情感态度与价值观

感受到学习计算器求对数值的重要性，在学习运用计算器计算的过程中，增强对数值计算的能力。

知识结构：

利用计算器求对数值	常用对数 $\lg N$	计算器操作方法
	自然对数 $\ln N$	计算器操作方法
	一般底的对数 $\log_a N$	计算器操作方法

内容要点：常用对数 $\lg N$、自然对数 $\ln N$、一般底的对数 $\log_a N$。

基础练习题

1. 设 $a=\log_{0.7}0.8$，$b=\log_{1.1}0.9$，$c=1.1^{0.9}$，那么　　(　　)

A. $a<b<c$　　B. $a<c<b$　　C. $b<a<c$　　D. $c<a<b$

2. $\dfrac{\log_8 9}{\log_2 3}$的值是 ( )

A. 1　　B. $\dfrac{2}{3}$　　C. 2　　D. $\dfrac{3}{2}$

3. 若$a=\dfrac{\ln 2}{2}$，$b=\dfrac{\ln 3}{3}$，$c=\dfrac{\ln 5}{5}$，则a,b,c的大小关系是 ( )

A. $a<b<c$　　B. $c<b<a$　　C. $b<a<c$　　D. $c<a<b$

4. 设$a=\log_3 4$，$b=\log_4 17$，$c=\log_\pi 3$，则 ( )

A. $a>b>c$　　B. $b>a>c$　　C. $c>a>b$　　D. $a>c>b$

5. 若$x\log_3 4=1$，则4^x+4^{-x}的值为________。

6. 设α,β是方程$\lg^2 x-(1+\lg 5)\lg x+\lg 5=0$的两根，则$\alpha\cdot\beta=$________。

7. 若$f(x)=a^x+\log_a(x+1)$在$[0,1]$上的最大值与最小值之和为a，则a的值为________。

8. 计算：$\log_{2.5}6.25+\lg\dfrac{1}{100}+\ln(\mathrm{e}\sqrt{\mathrm{e}})+\log_2(\log_2 16)-\log_{125}5$。

9. 计算：$2^{\log_2\frac{1}{4}}+\left(\dfrac{16}{9}\right)^{-\frac{1}{2}}+\lg 20-\lg 2$。

10. 设a,b,c均为正数，且$2^a=\log_{\frac{1}{2}}a$，$\left(\dfrac{1}{2}\right)^b=\log_{\frac{1}{2}}b$，$\left(\dfrac{1}{2}\right)^c=\log_2 c$，判断$a,b,c$的大小关系。

提高题

1. 已知$\log_3 x\cdot\log_x 2x\cdot\log_{2x}y=\log_3 x+\log_3(x-1)$，且$3^y=\dfrac{1}{9}\cdot 9^y$，求实数$y$的值。

2. 设$f(x)=\lg\left(\dfrac{2}{1-x}+a\right)$是奇函数，则使$f(x)<0$的$x$的取值范围是________。

3. 设函数$f(x)=\begin{cases}\log_2 x, & x>0,\\ \log_{\frac{1}{2}}(-x), & x<0,\end{cases}$若$f(a)>f(-a)$，则实数$a$的取值范围是________。

4－8 指数、对数函数的应用

知识与技能

1. 会解数学模型为一次函数、二次函数、正比例函数、反比例函数以及指数函数、对数函数、幂函数的有关实际问题；

2. 掌握从实际背景中抽象出函数模型的方法；

3. 掌握由指数型函数求幂的问题转化为求对数问题的方法。

过程与方法

通过观察、归纳、总结的过程，提高从实际背景中抽象出数学模型的能力。

情感态度与价值观

建立数学应用于实际的理念。

知识结构：

指数、对数函数的应用	解应用题的步骤	审题
		找等量(不等量)关系
		列方程(不等式)
		解方程(不等式)，并注意验证，看是否符合实际

内容要点：遇到指数型函数的实际背景求解时，需要将指数式化为对数式，再利用计算器求得最后结果；遇到对数型函数的实际背景求解时，可通过式的变型转化为熟悉的类型求解。

基础练习题

1. 中国目前是世界人口第一大国，假设 2012 年中国人口约 13.7 亿人，若按照 1.1%的人口增长率发展，试问 2015 年中国人口有多少人？

2. 中国进入 21 世纪以来正在以崭新的速度快速发展，假设 2012 年中国 GDP(国内生产总值)为 44.7 万亿人民币，按照年增长率 8%计算，5 年后 2017 年中国 GDP 为多少？

3. 小明同学中考成绩出色收到父母奖励 1 000 元，将其存入银行，按照年利率 4%计算，他高中毕业时可以拿到多少钱?

4. 某公司本月的销售额为 80 万元，如果从下月开始要求每月比上月提高销售额 15%，那么几个月后销售额能提高到 150 万元?

5. 小李同学中考结束后，考入我校信息科学系，父母为方便其学习购买了一台 4 000 元的笔记本，5 年后毕业了，他以 800 元的价格卖出，试问他每年的折旧率为多少?

6. 为了增加粮食产量，夏季采用农药灭虫，假设某种低残留无公害高效杀虫药喷洒一次杀虫率为 95%，为了将虫害控制在 1%以下，需喷洒几次?

7. 某酒店有客房 300 间，每间日租房为 20 元，每天都客满，为了提升形象和档次，酒店决定提高租金。通过测算，如果每间客房每日增加 2 元房租，客房出租的房间数就会减少 10 间，若不考虑其他因素，酒店将每个房间的日租金提高到多少时，每天客房的租金总收入最高?

8. 在经济学中，函数 $f(x)$的边际函数 $Mf(x)$定义为 $Mf(x)=f(x+1)-f(x)$。某公司每月最多生产 100 台报警系统装置，生产 x 台($x\in\mathbf{N}^*$)的收入函数为 $R(x)=3\ 000x-20x^2$(单位:元)，其成本函数 $C(x)=500x+4\ 000$(单位:元)，利润是收入与成本之差。

(1) 求利润函数 $P(x)$及边际利润函数 $MP(x)$;

(2) 利润函数 $P(x)$与边际利润函数 $MP(x)$是否具有相同的最大值?

课外拓展

马王堆古墓之谜

科学研究表明，宇宙射线在大气中能够产生放射性碳 14。碳 14 的衰变极有规律，其精确性可以称为自然界的“标准时钟”。动植物在生长过程中衰变的碳 14，可以通过与大气的相互作用得到补充，所以活着的动植物每克组织中的碳 14 含量保持不变。死亡后的动植物，停止了与外界环境的相互作用，机体中原有的碳 14 按确定的规律衰减，我们已经知道其“半衰期”为 5 730 年。

湖南长沙马王堆汉墓女尸出土时碳 14 的残余量约占原始含量的 76.7%。试推算马王堆古墓的年代。

解：我们先推算生物死亡 t 年后每克组织中的碳 14 含量。

设生物体死亡时，体内每克组织中碳 14 的含量为 1，1 年后的残留量为 x，由于死亡机体中原有的碳 14 按确定的规律衰减，所以生物体的死亡年数 t 与其体内每克组织的碳 14 含量 P 有如下关系：

死亡年数 t	1	2	3	……	t	……
碳 14 含量 P	x	x^2	x^3	……	x^t	……

因此，生物死亡 t 年后体内碳 14 的含量 $P=x^t$

由于大约每过 5 730 年，死亡生物体的碳 14 含量衰减为原来的一半，所以

$\frac{1}{2}=x^{5\,730}$，

于是，$x=\sqrt[5\,730]{\frac{1}{2}}=\left(\frac{1}{2}\right)^{\frac{1}{5\,730}}$，

这样，生物死亡 t 年后体内碳 14 含量 $P=\left(\frac{1}{2}\right)^{\frac{t}{5\,730}}$，

由对数与指数的关系，指数式 $P=\left(\frac{1}{2}\right)^{\frac{t}{5\,730}}$ 可写成对数式 $t=\log_{\sqrt[5\,730]{\frac{1}{2}}}P$。

湖南长沙马王堆汉墓女尸出土时碳 14 的残余量约占原始含量的 76.7%，即 $P=0.767$，那么 $t=\log_{\sqrt[5\,730]{\frac{1}{2}}}0.767$，

由计算器可得 $t\approx 2\,193$。

所以，马王堆古墓是近 2 200 年前的遗址。

第5章 角的概念推广

5－1 角的概念推广

知识与技能

掌握用“旋转”定义角的概念，理解“任意角，象限角，终边相同的角”的含义。

过程与方法

了解三角的概念的推广是解决生活和生产中实际问题的需要，学会用数学观念分析解决问题。

情感态度与价值观

播放奥运会中体操运动员、跳台和跳板运动员的前、后旋转动作，提升学生的爱国情怀。

知识结构：

角的概念	任意角	正角、负角、零角
	象限角	Ⅰ、Ⅱ、Ⅲ、Ⅳ
	终边相同的角	$\{\beta \mid \beta=k\cdot 360^\circ+\alpha, k\in\mathbf{Z}\}$

内容要点：

1. 重点是任意角的概念和象限角的概念；
2. 难点是终边相同的角用集合和符号语言正确表示出来。

基础练习题

1. -410°是第________象限角，与-410°终边相同的角$\beta=$________。
2. 与1 720°终边相同的最小正角是________，与$-1\ 840^\circ$终边相同的最小正角是________。
3. 已知角α是第二象限角，则角$\frac{\alpha}{4}$可能是第________象限角。
4. 把$-1\ 485^\circ$化为$k\cdot 360^\circ+\alpha(0^\circ\leqslant\alpha<360^\circ)(k\in\mathbf{Z})$的形式是________。
5. 与120°终边相同的角是 (　　)

   A. $-600^\circ+k\cdot 360^\circ, k\in\mathbf{Z}$　　B. $-120^\circ+k\cdot 360^\circ, k\in\mathbf{Z}$

   C. $120^\circ+(2k+1)\cdot 180^\circ, k\in\mathbf{Z}$　　D. $660^\circ+k\cdot 360^\circ, k\in\mathbf{Z}$

6. 判断 $-780°$ 是第几象限角　(　　)

A. Ⅰ　　B. Ⅱ　　C. Ⅲ　　D. Ⅳ

7. 判断:第一象限角都是锐角。　(　　)

8. 判断:任意一个终边位置都可以表示无数个角。　(　　)

9. 在直角坐标系中作出下列各角,并指出它们分别是第几象限角。

(1) $850°$　　(2) $-710°$

10. 在 $0°\sim360°$ 范围内,找出与下列各角终边相同的角。

(1) $-70°$　　(2) $870°$　　(3) $-440°$

11. 写出与下列各角终边相同的角的集合。

(1) $-30°$　　(2) $660°$

12. 把下列各角写成 $k\cdot360°+\alpha(0°\leqslant\alpha<360°, k\in\mathbf{Z})$ 的形式,并指出它们是第几象限角。

(1) $-120°$　　(2) $1\,100°$　　(3) $-520°$

13. 钟表的时针和分针分别转过 3 小时,问它们各转多少度?

提高题

1. 设角 α 的终边落在函数 $y=-|x|$ 的图象上,求角 α 的集合。

2. 已知集合 $A=\{\alpha\mid 300°+k\cdot180°<\alpha<900°+k\cdot180°\}$, $B=\{\beta\mid -450°+k\cdot360°<\beta<450°+k\cdot360°\}$,求 $A\cap B$。

5－2 弧度制

知识与技能

明确引入弧度制的必要性，熟练掌握角度制与弧度制的换算、弧长公式的计算。

过程与方法

通过探究任意角的弧度数与弧长半径的关系，培养学生的合作意识和创新能力。

情感态度与价值观

通过总结引入弧度制的好处，以此为解决实际问题带来方便，从而激发学生的学习兴趣。

知识结构：

弧度制	1°的定义	周角的$\frac{1}{360}$为1°的角
	1弧度的定义	等于半径长的圆弧所对的圆心角叫1 rad
	角度与弧度换算	$1°=\frac{\pi}{180}\text{rad}$　$1\ \text{rad}=\left(\frac{180}{\pi}\right)°$
	弧长公式	$\lvert\alpha\rvert=\frac{l}{r}$

内容要点：

1. 弧度与角度的换算，弧度的意义理解；

2. 弧度公式。

基础练习题

1. 时钟的分针和时针转过50 min所形成的角的弧度数分别为________和________。

2. $120°=$________ rad，$\frac{\pi}{6}$ rad$=$________度。

3. 半径为3 cm的圆O中，弧AB含有120°的弧，则扇形OAB的面积是________。

4. 角的顶点与坐标原点重合，角的始边与x轴的正半轴重合，则角α与角$\alpha+\pi$的终边的关系是 (　　)

A. 一定关于x轴对称　　B. 一定关于y轴对称

C. 可能关于原点不对称　　D. 随α的变化可以有不同的对称性

5. 设r为圆的半径，则弧长为$\frac{3\pi}{4}r$的圆弧所对的圆心角为 (　　)

A. 135°　　B. $\frac{135°}{\pi}$　　C. 145°　　D. $\frac{145°}{\pi}$

6. 终边落在 x 轴上的角的集合(用弧度表示)是　　(　　)

A. $\{x|x=k\pi,k\in\mathbf{Z}\}$　　B. $\{x|x=k\cdot180^\circ,k\in\mathbf{Z}\}$

C. $\{x|x=2k\pi,k\in\mathbf{Z}\}$　　D. $\{x|x=(2k+1)\pi,k\in\mathbf{Z}\}$

7. 将下列角化成弧度。

(1) 30°　　(2) $57^\circ30'$　　(3) 135°　　(4) -270°

8. 将下列角化成度。

(1) $\frac{\pi}{4}$　　(2) $-\frac{7\pi}{2}$　　(3) $\frac{5}{3}\pi$　　(4) $-\pi$

9. 在$\triangle ABC$中,若$\angle A:\angle B:\angle C=2:3:7$,求 A、B、C 的弧度数。

10. 将下列各角化成 $\alpha+2k\pi(0\leqslant\alpha<2\pi)$的形式,并指出它们是第几象限角。

(1) $\frac{23}{3}\pi$　　(2) $-\frac{23}{3}\pi$

11. 若 2 弧度的圆心角所对的弧长是 4 cm,求这个圆心角所在扇形的面积。

12. 已知公路上一段圆弧形弯道的半径是 30 cm,转过的圆心角是 120°,该段弯道的长度是多少?

13. 用弧度制表示下列集合。

(1) 终边在 X 轴正半轴上的角的集合；

(2) 终边在 Y 轴负半轴上的角的集合；

(3) 第二象限角的集合；

(4) 第四象限角的集合。

提 高 题

已知半径为 1 的圆的圆心在原点，点 P 从点 $A(1,0)$ 出发，依逆时针等速旋转，已知 P 点 1 秒转过的角度为 β ($0°<\beta<180°$)，经过 2 秒到达第三象限，经过 14 秒又回到出发点 A 处，则 β 是多少？

5－3　任意角的三角函数

知识与技能

理解任意角的三角函数的定义，会用定义求特殊角的三角函数值，会用定义判断三角函数值符号。

过程与方法

培养学生的分析问题、解决问题的能力。

情感态度与价值观

通过学习，使学生逐步树立数形结合的数学思想，激发学生的学习兴趣。

知识结构：

任意角的三角函数	定义	$\sin\alpha=\dfrac{y}{r}$　$\cos\alpha=\dfrac{x}{r}$　$\tan\alpha=\dfrac{y}{x}$
	定义域	$\sin\alpha$：$\alpha\in\mathbf{R}$　$\cos\alpha$：$\alpha\in\mathbf{R}$ $\tan\alpha$：$\{\alpha\mid\alpha\neq k\pi+\dfrac{\pi}{2},k\in\mathbf{Z}\}$
	三角函数值的符号	$\sin\alpha$：$\begin{cases}\text{Ⅰ、Ⅱ为“+”}\\\text{Ⅲ、Ⅳ为“−”}\end{cases}$　$\cos\alpha$：$\begin{cases}\text{Ⅰ、Ⅳ为“+”}\\\text{Ⅱ、Ⅲ为“−”}\end{cases}$ $\tan\alpha$：$\begin{cases}\text{Ⅰ、Ⅲ为“+”}\\\text{Ⅱ、Ⅳ为“−”}\end{cases}$

内容要点：

1. 任意角的三角函数的定义、定义域和符号；

2. 熟记特殊角的三角函数值。

基础练习题

1. $\sin\left(-\frac{\pi}{4}\right)$________0；$\cos240°$________0；$\tan\frac{11\pi}{3}$________0。(填“>”或“<”)

2. 若点 $P(x,-2)$ 是角 α 终边上一点，且 $\cos\alpha=-\frac{\sqrt{5}}{3}$，则 x 的值是________。

3. $P(-1,2)$ 为角 α 终边上一点，则 $\sin\alpha=$________，$\cos\alpha=$________，$\tan\alpha=$________。

4. 已知 $\sin\alpha\cdot\cos\alpha>0$，则 α 是第________象限角。

5. 已知角 θ 的终边在直线 $y=\frac{\sqrt{3}}{3}x$ 上，则 $\sin\theta=$________，$\tan\theta=$________。

6. 若 α 是第四象限角，则下列数值中一定是正值的是　(　　)

A. $\sin\alpha$　　B. $\cos\alpha$　　C. $\tan\alpha$　　D. $\cot\alpha$

7. 已知角 α 的终边过点 $P(4a,-3a)(a<0)$，则 $2\sin\alpha+\cos\alpha$ 的值是　(　　)

A. $\frac{2}{5}$　　B. $-\frac{2}{5}$　　C. 0　　D. 与 a 的取值有关

8. 已知点 $P(\tan\alpha,\cos\alpha)$ 在第三象限，则角 α 在　(　　)

A. 第一象限　　B. 第二象限　　C. 第三象限　　D. 第四象限

9. 若三角形的两内角 α、β 满足 $\sin\alpha\cos\beta<0$，则此三角形必为　(　　)

A. 锐角三角形　　B. 钝角三角形

C. 直角三角形　　D. 等腰三角形

10. 已知角 α 的终边经过点 $P(1,\sqrt{3})$，求 $\sin\alpha$、$\cos\alpha$、$\tan\alpha$。

11. 求下列各角的正弦值、余弦值和正切值。

(1) $\frac{3\pi}{4}$　　(2) $-\frac{\pi}{6}$

12. 已知角 α 的终边经过点 $P(4,-3)$，求 $2\sin\alpha+\cos\alpha$ 的值。

13. 确定下列三角函数的符号。

(1) $\sin(-536°20')$　　(2) $\cos\frac{23\pi}{3}$　　(3) $\tan\left(-\frac{17\pi}{8}\right)$

提高题

1. 已知角 α 的终边经过点 $P(4a,-3a)(a\neq 0)$，求 $2\sin\alpha+\cos\alpha$ 的值。

2. 已知角 α 终边上一点 P 到 x 轴的距离和到 y 轴的距离之比为 3∶4(且均不为零)，求 $2\sin\alpha+\cos\alpha$ 的值。

5－4 同角三角函数的基本关系式

知识与技能

掌握两个同角三角函数间的关系式。

过程与方法

能够利用两个同角三角函数间的关系式来求角或化简，并能解决实际问题。

情感态度与价值观

感受数学知识来源于生活、回归生活。

知识结构：

同角三角函数的基本关系式	正弦与余弦间关系	$\sin^2\alpha+\cos^2\alpha=1$
	正弦、余弦、正切间关系	$\dfrac{\sin\alpha}{\cos\alpha}=\tan\alpha$

内容要点：通过同角三角函数的两个关系式，由角的一种三角函数值求这个角的其他三角函数值，利用关系式对三角函数式进行化简、变形。

基础练习题

1. 若 $\sin\alpha=\dfrac{4}{5}$，$\alpha\in(0,\pi)$，则 $\tan\alpha$ 的值等于 ( )

A. $\dfrac{4}{3}$　　B. $\dfrac{3}{4}$　　C. $\pm\dfrac{4}{3}$　　D. $\pm\dfrac{3}{4}$

2. 若 $\cos\alpha=\frac{5}{13}$，$\alpha\in(0,\pi)$，则 $\cot\alpha$ 的值等于__________。

3. 若 $\sin\alpha=-\frac{12}{13}$，$\alpha$ 是第四象限角，则 $\cot\alpha$ 的值等于__________。

4. 若 $\cos\alpha=\frac{5}{13}$，α 是第一象限角，则 $\cot\alpha$ 的值等于　　　(　　)

A. $\frac{5}{13}$　　B. $\frac{5}{12}$　　C. $\pm\frac{4}{13}$　　D. $\frac{12}{13}$

5. 已知 $\tan\alpha=\sqrt{3}$，α 是第三象限角，则 $\cos\alpha$ 的值等于__________。

6. $\sqrt{1-\cos^2 130^\circ}$的值等于________；$\sqrt{1-\sin^2 140^\circ}$的值等于________。

7. $\sin\alpha\cdot\cot\alpha=$__________。

8. 若 $\sin\alpha=4\cos\alpha$，则 $\cot\alpha$ 的值等于________。

9. 若 $\tan\alpha=-4$，则 $\cos^2\alpha$ 的值等于　　　(　　)

A. $\frac{4}{17}$　　B. $\frac{1}{17}$　　C. $\pm\frac{1}{17}$　　D. $\frac{1}{\sqrt{17}}$

10. 已知 $\cos\alpha=\frac{3}{5}$，求 $\sin\alpha\tan\alpha$。

提高题

已知 $\sin\alpha=3\cos\alpha$，求 $\cos^2\alpha+2\sin\alpha\cos\alpha$。

5-5　三角函数的诱导公式

知识与技能

掌握四个诱导公式。

过程与方法

能够利用诱导公式来求角或化简并能解决实际问题。

情感态度与价值观

感受数学知识来源于生活、回归生活。

知识结构：

三角函数的诱导公式	诱导公式 1	$\sin(\alpha+2k\pi)=\sin\alpha$　$\cos(\alpha+2k\pi)=\cos\alpha$　$\tan(\alpha+2k\pi)=\tan\alpha(k\in\mathbf{Z})$
	诱导公式 2	$\sin(-\alpha)=-\sin\alpha$　$\cos(-\alpha)=\cos\alpha$　$\tan(-\alpha)=-\tan\alpha$
	诱导公式 3	$\sin(\pi-\alpha)=\sin\alpha$　$\cos(\pi-\alpha)=-\cos\alpha$　$\tan(\pi-\alpha)=-\tan\alpha$
	诱导公式 4	$\sin(\pi+\alpha)=-\sin\alpha$　$\cos(\pi+\alpha)=-\cos\alpha$　$\tan(\pi+\alpha)=\tan\alpha$

内容要点：理解三角函数的四个诱导公式的意义，会借助诱导公式将任意角的三角函数值转化为$\left[0,\frac{\pi}{2}\right]$内的角的三角函数值，利用诱导公式判断函数的奇偶性。

基础练习题

1. 运用诱导公式计算下列各式：

(1) $\sin405°$　　(2) $\cos750°$　　(3) $\sin\frac{5}{3}\pi$

(4) $\tan\frac{11}{4}\pi$　　(5) $\sin\left(-\frac{4}{3}\pi\right)$　　(6) $\cos\frac{7}{6}\pi$

(7) $\sin225°$　　(8) $\tan\left(-\frac{16}{3}\pi\right)$　　(9) $\cos855°$

(10) $\sin(-1\ 200°)$　　(11) $\tan\left(-\frac{3}{4}\pi\right)$　　(12) $\sin\left(-\frac{4}{5}\pi\right)$

(13) $\cos\frac{11}{6}\pi$　　(14) $\tan\frac{17}{4}\pi$　　(15) $3\cos\frac{5\pi}{4}$

2. 计算下列三角函数值。

(1) $\cos^2\frac{14\pi}{3}-\sin^2\frac{19\pi}{6}+5\tan\frac{15\pi}{4}$　　(2) $\sin\left(-\frac{31\pi}{6}\right)+\cos\left(-\frac{31\pi}{3}\right)$

3. 化简：$\dfrac{-\cos(2\pi+\alpha)+\cos(-\alpha)-\tan(\pi+\alpha)}{\tan(2\pi+\alpha)-\cos(-\alpha)-\cos(\pi-\alpha)}$。

4. 判断下列函数的奇偶性。

(1) $f(x)=1+\sin x$　　(2) $f(x)=x+\sin x$

提高题

化简下列各式。

(1) $\cos(-680°)\cos(-320°)+\sin 400°\sin(-1\,040°)+\tan 760°\cot 1\,120°$

(2) $\dfrac{\left(1-\sec^2\dfrac{3\pi}{4}\right)\cos^2\dfrac{35\pi}{8}}{\left(1-\csc^2\dfrac{19\pi}{8}\right)\sin^2\left(-\dfrac{13\pi}{8}\right)}$

5－6　正弦函数的图象与性质

知识与技能

掌握正弦曲线的画法、正弦函数的周期性和单调性。

过程与方法

能够利用数形结合讨论问题，解决实际问题。

情感态度与价值观

感受数学知识来源于生活、回归生活。

知识结构:

正弦函数的图象与性质	正弦函数的图象	列表描点法画图、五点法画图
	正弦函数的性质	周期性和最小正周期、单调性

内容要点:正弦线、余弦线、列表描点法、五点法、正弦函数的周期性及最小正周期、正弦函数的单调性。

基础练习题

1. $f(x)=2\sin x$ 的最小值等于________;最小正周期是________;周期是__________。

2. 函数 $f(x)=2+\sin x$ 的最小值等于_______;函数 $f(x)=3-\sin x$ 的最大值是_______,最小正周期是_______。

3. 函数 $f(x)=4-\sin x$ 的最大值和最小值分别是 ( )

A. $1,-1$　　B. $4,3$　　C. $5,3$　　D. $5,4$

4. 函数 $f(x)=2\sin x$ 在区间 $\left[\pi,\frac{3}{2}\pi\right]$ 上的单调性是_______。

5. 函数 $f(x)=2\sin x$ 在( )区间上是单调递增。

A. $[0,\pi]$　　B. $\left[-\frac{\pi}{2},0\right]$　　C. $\left[0,\frac{3}{2}\pi\right]$　　D. $\left[-\frac{\pi}{2},\pi\right]$

6. 下列是奇函数的是 ( )

A. $f(x)=4-\sin x$　　B. $f(x)=2+\sin x$

C. $f(x)=2\sin x$　　D. $f(x)=2\sin x-1$

7. 已知 $\sin x=\frac{a-3}{2}$,则 a 的取值范围是 ( )

A. $[1,5]$　　B. $[2,4]$　　C. $[-1,1]$　　D. $[1,3]$

8. 不求值,比较下列各对正弦值的大小。

(1) $\sin\left(-\frac{1}{4}\pi\right),\sin\left(\frac{1}{5}\pi\right)$

(2) $\sin\left(\frac{5}{9}\pi\right),\sin\left(\frac{7}{6}\pi\right)$

(3) $\sin\left(-\frac{1}{9}\pi\right),\sin\left(-\frac{1}{3}\pi\right)$

提高题

用五点法画出下列函数在区间$[0,2\pi]$上的简图,并简述该图象的相关性质。

(1) $y=3+\sin x$　　(2) $y=2\sin x$

5－7　余弦函数的图象与性质

知识与技能

掌握余弦曲线的画法和余弦函数的周期性和单调性。

过程与方法

能够利用数形结合讨论问题，解决实际问题。

情感态度与价值观

感受数学知识来源于生活、回归生活。

知识结构：

余弦函数的图象与性质	余弦函数的图象	列表描点法画图、五点法画图
	余弦函数的性质	定义域、值域、周期性和最小正周期、奇偶性、单调性

内容要点：列表描点法、五点法画图、余弦函数的周期性及最小正周期、定义域、值域、奇偶性和单调性、最大值与最小值。

基础练习题

1. $f(x)=2\cos x$ 的最小正周期是________；最小值等于________；值域是________。

2. 函数 $f(x)=3-\cos x$ 的最大值是________；最小值等于________。

3. 函数 $f(x)=3\cos x$ 在(　　)区间上是单调递增。

A. $[0,\pi]$　　B. $\left[-\frac{\pi}{2},0\right]$　　C. $\left[0,\frac{3}{2}\pi\right]$　　D. $\left[-\frac{\pi}{2},\pi\right]$

4. 函数 $f(x)=2\cos x$ 在区间 $\left[\pi,\frac{3}{2}\pi\right]$ 上的单调性是__________。

5. 已知 $\cos x=\frac{a-3}{2}$，则 a 的取值范围是　　(　　)

A. $[1,5]$　　B. $[2,4]$　　C. $[-1,1]$　　D. $[1,3]$

6. 函数 $f(x)=2+\cos x$ 的最小正周期是__________。

7. 不求值，比较 $\cos\left(-\frac{1}{8}\pi\right)$，$\cos\left(-\frac{1}{4}\pi\right)$ 的大小　　(　　)

A. $\cos\left(-\frac{1}{8}\pi\right)<\cos\left(-\frac{1}{4}\pi\right)$　　B. $\cos\left(-\frac{1}{8}\pi\right)>\cos\left(-\frac{1}{4}\pi\right)$

C. $\cos\left(-\frac{1}{8}\pi\right)\leqslant\cos\left(-\frac{1}{4}\pi\right)$　　D. $\cos\left(-\frac{1}{8}\pi\right)\geqslant\cos\left(-\frac{1}{4}\pi\right)$

提高题

1. 用五点法画出下列函数在区间$[0,2\pi]$上的简图。

(1) $y=2+\cos x$　　　　(2) $y=2\cos x$

2. 求 $y=2\cos x$ 在$\left[\frac{\pi}{2},\frac{5\pi}{2}\right]$上的最大值及取最大值时自变量 x 的值。

5－8　已知三角函数值求角

知识与技能

掌握根据正弦值、余弦值、正切值求指定范围内的一般角和特殊角。

过程与方法

能够利用计算器求解一般角。

情感态度与价值观

感受数学知识来源于生活、回归生活。

知识结构：

已知三角函数值求角	已知正弦值求角	特殊角和一般角
	已知余弦值求角	特殊角和一般角
	已知正切值求角	特殊角和一般角

内容要点：会由特殊三角函数值求角，对于非特殊三角函数值，会利用计算器求出指定范围内的角。

基础练习题

1. 已知 $\cos\alpha=\frac{1}{2}$，$\alpha\in(0,\pi)$，则满足条件的 α 值等于__________。

2. 已知 $\tan\alpha=\sqrt{3}$，$\alpha\in(0,2\pi)$，则 α 的值等于__________。

3. 已知 $\sin\alpha=-0.351$，$\alpha\in(0,2\pi)$，利用计算器求 α 的值等于________(精确到 0.000 1)。

4. 已知 $\sin\alpha=\frac{\sqrt{2}}{2}$，$\alpha\in\left(-\frac{\pi}{2},\frac{3\pi}{2}\right)$，则 α 的值等于________。

5. 已知 $\tan\alpha=1,\alpha\in\left(-\dfrac{\pi}{2},\dfrac{3\pi}{2}\right)$,则 α 的值等于__________。

6. 已知 $\sin\alpha=\dfrac{1}{2},\alpha\in\left(-\dfrac{\pi}{2},\dfrac{3\pi}{2}\right)$,则 α 的值等于__________。

7. 若 $\cos\alpha=-\dfrac{1}{2},\alpha\in(0,\pi)$,则 α 的值等于　(　　)

A. $\dfrac{\pi}{3}$　B. $\dfrac{\pi}{4}$　C. $\dfrac{2\pi}{3}$　D. $\dfrac{\pi}{6}$

8. 若 $\sin\alpha=\dfrac{\sqrt{2}}{2},\alpha\in(0,2\pi)$,则 α 的值等于　(　　)

A. 45°,135°　B. 45°,225°　C. 135°,225°　D. 225°,315°

9. 若 $\tan\alpha=-1,\alpha\in(0,\pi)$,则 α 的值等于　(　　)

A. $\dfrac{\pi}{4}$　B. $\dfrac{3\pi}{4}$　C. $-\dfrac{\pi}{4}$　D. $-\dfrac{3\pi}{4}$

10. 已知 $\sin\alpha=\dfrac{\sqrt{3}}{2},\alpha\in\left(\dfrac{\pi}{2},\dfrac{3}{2}\pi\right)$,则 α 的值等于　(　　)

A. $\dfrac{\pi}{6}$　B. $\dfrac{\pi}{4}$　C. $\dfrac{\pi}{3}$　D. $\dfrac{2\pi}{3}$

11. 设 $\sin\alpha=-\dfrac{1}{2},\alpha\in\left(-\dfrac{\pi}{2},\dfrac{\pi}{2}\right)$,则 α 的值等于　(　　)

A. $\dfrac{\pi}{6}$　B. $\dfrac{\pi}{3}$　C. $-\dfrac{\pi}{6}$　D. $-\dfrac{\pi}{3}$

12. 设 $\alpha\in(0,\pi),\cos\alpha=0$,则 α 的值等于　(　　)

A. $\dfrac{\pi}{6}$　B. $\dfrac{\pi}{4}$　C. $\dfrac{\pi}{3}$　D. $\dfrac{\pi}{2}$

13. 已知 $\tan\alpha=-\dfrac{\sqrt{3}}{3},\alpha\in\left(-\dfrac{\pi}{2},\dfrac{\pi}{2}\right)$,求 α。

14. 已知 $\sin\alpha=0.58,\alpha\in(0,2\pi)$,利用计算器求 α。(精确到 0.000 1)

15. 已知 $\cos\alpha=\dfrac{3}{5},\alpha\in(0,2\pi)$,利用计算器求 α。(精确到 0.000 1)

提高题

一艘走私船从 A 地以每小时 36 海里的速度向正东方向行驶,40 分钟后到达 B 地,然后转向北偏东 30°方向行驶,走私船开出半小时后,缉私艇接报从 A 地沿直线方向追击,要求在距离 B 地 24 海里的 C 地追上走私船,求缉私艇追击的方向和速度。

单元测试题

一、选择题

1. 设 r 为圆的半径，则圆弧长为 $\frac{2}{3}r$ 的圆弧所对的圆心角为 ( )

A. $120°$　B. $\frac{120°}{\pi}$　C. $135°$　D. $\frac{135°}{\pi}$

2. 已知 $\frac{\sin\alpha-2\cos\alpha}{3\sin\alpha+5\cos\alpha}=-5$，那么 $\cot\alpha$ 的值为 ( )

A. 2　B. -2　C. $-\frac{16}{23}$　D. $\frac{16}{23}$

3. 下列命题中，正确的是 ( )

A. 第一象限角都是锐角　B. 第二象限角都是钝角

C. $\sqrt{1-\sin^2 110°}=\cos 110°$　D. $\sin\alpha-\cos\alpha=3$ 不可能成立

4. $\cos 210°$的值为 ( )

A. $\frac{\sqrt{3}}{2}$　B. $-\frac{\sqrt{3}}{2}$　C. $\frac{1}{2}$　D. $-\frac{1}{2}$

5. 已知 $\sin x=\frac{1}{2}$，$x\in[0,2\pi]$，则 x 的值为 ( )

A. $\frac{5}{6}\pi,\frac{13}{6}\pi$　B. $\frac{1}{6}\pi,\frac{7}{6}\pi$　C. $\frac{7}{6}\pi,\frac{13}{6}\pi$　D. $\frac{5}{6}\pi,\frac{7}{6}\pi$

6. 与 $-370°$终边相同的角是第( )象限的角

A. 一　B. 二　C. 三　D. 四

7. 设 $3\sin x=a$，则 a 的取值范围是 ( )

A. $(-3,3)$　B. $(-3,3]$　C. $[-3,3]$　D. $[-3,3)$

8. 不求值，比较下列各式大小关系正确的是 ( )

A. $\cos\left(-\frac{\pi}{7}\right)>\cos\left(-\frac{\pi}{3}\right)$　B. $\sin\frac{4}{5}\pi>\sin\frac{2}{7}\pi$

C. $\cos\frac{2}{5}\pi>\sin\frac{2}{5}\pi$　D. $\sin\frac{6}{5}\pi>\sin\frac{1}{6}\pi$

二、填空题

9. 设 $P(-3,4)$为角 α 终边上一点，则 $\sin\alpha=$________ $\cos\alpha=$________ $\tan\alpha=$________。

10. 已知 $\cos x=\frac{a}{2}$，那么 a 的取值范围是________。

11. 已知 $0\leqslant x<2\pi$，那么 $y=\sin x$ 和 $y=\cos x$ 都是增函数的区间是________。

12. 函数 $y=1+\sin x$ 在$[-\pi,\pi]$上，当自变量 x 取________时，函数 y 取得最大值为________。

三、计算题

13. 已知 $\tan\alpha=\sqrt{2}$，求(1) $\dfrac{\cos\alpha+\sin\alpha}{\cos\alpha-\sin\alpha}$；(2) $\sin^2\alpha-\sin\alpha\cos\alpha+2\cos^2\alpha$。

14. 已知 $\sin\alpha=-\dfrac{5}{13}$，$\alpha\in\left(\dfrac{3}{2}\pi,2\pi\right)$，求 $\cos\alpha$。

15. 求 $\sin915°+\cos(-225°)-\sin1\,065°$。

16. 利用计算器计算下列三角函数值。(精确到 0.000 1)

(1) $\sin42°23'$

(2) $\cos6\,678°$

(3) $\tan(-3\,569°)$

课外拓展

三角函数的演变历史

我们现在通用的三角函数符号 sin，cos，tan，cot，sec，csc 是随着数学的发展逐步演变而成的，是许多世纪人类的劳动成果。

1464 年，德国数学家雷其奥蒙坦发表了他的著名的《论一般三角形》，正式使三角学脱离天文而成为一门独立科目，他用“sine”表示正弦。

1620 年，英国人根日尔写了一本《炮兵测量学》，用“cosine”表示余弦，用“cotangent”表示余切。

1640 年左右，丹麦人托马斯·芬克写了一本《圆几何学》，用“tangent”表示正切，用“secant”表示正割。

1596 年，哥白尼的学生——德国人利提克斯的作品《宫廷乐曲》发表，他采用“cosecant”表示余割。

1623 年，德国人阿尔伯特·格洛德首先提出把正弦简写为“sin”，正切简写为“tan”，正割简写为“sec ”。

1675 年,英国人奥曲特提出把余弦简写为“cos”,余切简写为“cot”,余割简写为“csc”。

从 18 世纪欧拉开始,使用目前通用的六个三角函数符号正弦,余弦,正切,余切,正割,余割,前两个符号与现代符号相同。后来的符号多有变化,下面的表便显示了它们的发展变化。

使用者	年代	正弦	余弦	正切	余切	正割	余割	备注
欧拉	1753	sin.	cos.	tag(tg).	cot.	sec.	cosec	
谢格内	1767	sin.	cos.	tan.	cot.	sec	cosec Ⅰ	
巴洛	1814	sin	cos.	tan.	cot.	sec	cosec Ⅰ	
施泰纳	1827	sin	cos	tg	cot	sec	cosec Ⅱ	
皮尔斯	1861	sin	cos.	tan.	cotall	sec	cosec	
奥莱沃尔	1881	sin	cos	tan	cot	sec	csc Ⅰ	
申弗利斯	1886	sin	cos	tg	ctg	sec	csc Ⅱ	
万特沃斯	1897	sin	cos	tan	cot	sec	csc Ⅰ	
舍费尔斯	1921	sin	cos	tg	ctg	sec	csc Ⅱ	

ps:20 世纪八九十年代,我们曾把正切余切分别简记为“tg”“ctg”。

期末测试题

一、选择题(本大题共10小题,每小题3分,共30分,在每小题给出的四个选项中,只有一项是符合题目要求的)

题号	1	2	3	4	5	6	7	8	9	10
答案										

1. 已知集合 $M=\{y\mid y=2^x, x\in\mathbf{R}\}$,$N=\{y\mid y=x^2, x\in\mathbf{R}\}$,则 $M\cap N=$ ( )

A. $\{4,2\}$　B. $\{(4,2)\}$　C. N　D. M

2. 下列函数中是奇函数,又在定义域内为减函数的是 ( )

A. $y=\left(\frac{1}{2}\right)^x$　B. $y=\frac{1}{x}$　C. $y=-x^3$　D. $y=\log_3(-x)$

3. 随着计算机技术的不断发展,电脑的性能越来越好,而价格又在不断降低,若每隔两年电脑的价格降低三分之一,则现在价格为8 100元的电脑在6年后的价格可降为( )

A. 300元　B. 2 400元　C. 2 700元　D. 3 600元

4. 已知 $a=\log_5 4$,那么 $\log_5 64-2\log_5 20$ 用 a 表示是 ( )

A. $a-2$　B. $5a-2$

C. $3a-(1+a)^2$　D. $3a-a^2-1$

5. 已知角 α 的终边过点 $P(4a,-3a)(a<0)$,则 $2\sin\alpha+\cos\alpha$ 的值是 ( )

A. $\frac{2}{5}$　B. $-\frac{2}{5}$　C. 0　D. 与 a 的取值有关

6. 若 θ 是第三象限角,且 $\cos\frac{\theta}{2}<0$,则 $\frac{\theta}{2}$ 是 ( )

A. 第一象限角　B. 第二象限角

C. 第三象限角　D. 第四象限角

7. 如果 $\log_a 5>\log_b 5>0$,那么 a,b 间的关系是 ( )

A. $0<a<b<1$　B. $1<a<b$　C. $0<b<a<1$　D. $1<b<a$

8. 函数 $f(x)=\frac{3x^2}{\sqrt{1-x}}+\lg(3x+1)$ 的定义域是 ( )

A. $\left(-\frac{1}{3},+\infty\right)$　B. $\left(-\frac{1}{3},1\right)$　C. $\left(-\frac{1}{3},\frac{1}{3}\right)$　D. $\left(-\infty,-\frac{1}{3}\right)$

9. 下列函数中,周期为 π,且在 $\left(0,\frac{\pi}{2}\right)$ 上单调递增的是 ( )

A. $y=\tan|x|$　B. $y=|\cot x|$　C. $y=|\sin x|$　D. $y=|\cos x|$

10. 若 α 满足 $\frac{\sin\alpha-2\cos\alpha}{\sin\alpha+3\cos\alpha}=2$,则 $\sin\alpha\cdot\cos\alpha$ 的值等于 ( )

A. $\frac{8}{65}$　B. $-\frac{8}{65}$　C. $\pm\frac{8}{65}$　D. 以上都不对

二、填空题(共 5 小题,每小题 4 分,共 20 分)

11. 已知 $f(x)=2x+3$,则 $f(1)=$________,$f(a)=$________,$f[f(a)]=$________。

12. 函数 $y=\frac{\sqrt[3]{x-2}}{\sqrt{x^2-2x+1}}$ 的定义域是________。

13. 计算 $2\log_5 10+\log_5 0.25=$________。

14. 函数 $y=\frac{|\sin x|}{\sin x}+\frac{\cos x}{|\cos x|}+\frac{|\tan x|}{\tan x}+\frac{\cot x}{|\cot x|}$ 的值域为________。

15. 方程 $\log_3(2x-1)=1$ 的解 $x=$________。

三、解答题(解答应写出文字说明、证明过程或演算步骤)

得分	评卷人

16. (12 分)已知扇形的周长为 L,问当扇形的圆心角 α 和半径 R 各取何值时,扇形面积最大?

得分	评卷人

17. (12 分)已知集合 $A=\{x\mid x^2-x-6<0\}$,$B=\{x\mid x^2+2x-8>0\}$,$C=\{x\mid x^2-4ax+3a^2<0\}$.若 $A\cap B\subseteq C$,试确定实数 a 的取值范围。

得分	评卷人

18. (12 分)已知 x 满足 $2(\log_{\frac{1}{2}}x)^2+7\log_{\frac{1}{2}}x+3\leqslant 0$,求 $y=\left(\log_2\dfrac{x}{2}\right)\left(\log_2\dfrac{x}{4}\right)$ 的最大值与最小值及相应的 x 的值。

得分	评卷人

19. (14 分)已知 $f(x)$ 为定义在 $(-1,1)$ 上的奇函数，当 $x\in(0,1)$ 时 $f(x)=\dfrac{2^x}{1+4^x}$。

(1) 求 $f(x)$ 在 $(-1,1)$ 上的解析式；

(2) 判断 $f(x)$ 在 $(-1,1)$ 上的单调性，并给予证明。

参考答案

1－1　集合与元素

【基础练习题】

1. (1) 不能(违背确定性)　(2) 不能(违背确定性)　(3) 不能(违背互异性)　(4) 能　(5) 不能(违背确定性)　(6) 能　**2.** $-2,0,2$　**3.** A　**4.** D　**5.** $\in$　$\in$　$\notin$　$\notin$　$\in$　**6.** $a\in M$　**7.** B　**8.** 无数个点　无数条直线　无数个点

【提高题】

D

1－2　集合的表示法

【基础练习题】

1. {大于 0 且小于 10 的奇数}　**2.** $\{1,2,3,4,5\}$　**3.** $\varnothing$　**4.** (1) 错,应为{整数}　(2) 错,应为{实数}　(3) 错,(1,2)表示一个元素　(4) 正确,集合中元素具有无序性　**5.** $\{x|x=3n-2,1\leqslant n\leqslant 5,n\in\mathbf{N}\}$　$\{x|x=-2n,1\leqslant n\leqslant 5,n\in\mathbf{N}\}$　$\{x|x=5^n,0\leqslant n\leqslant 4,n\in\mathbf{N}\}$　$\left\{x|x=\frac{n}{n^2+1},n\in\mathbf{N}^*\right\}$　**6.** $\{1,3,5,15\}$　$\{(1,1),(1,2),(2,1),(2,2)\}$　$\{-1,1,2\}$　$\{14,23,32,41,50\}$　$\{(0,-2)\}$　$\{-1,1\}$　$\{(0,8),(2,5),(4,2)\}$

【提高题】

$\{2\ 000,2\ 001,2\ 004\}$

1－3　集合之间的关系

【基础练习题】

1. $\mathbf{N}\subseteq\mathbf{Z}\subseteq\mathbf{Q}\subseteq\mathbf{R}$　**2.** ①对　②错　③对　④错　**3.** $\subseteq$　$\subseteq$　$\supseteq$　$\supseteq$　$\subseteq$　**4.** 正确　**5.** 是,任何子集是它自身的子集　**6.** $\varnothing,\{a\},\{b\},\{a,b\}$　**7.** $A\subseteq B$　**8.** $\{x|x<-1\}$　**9.** (1) $2^4=16$　(2) 2^n　**10.** 8 个

【提高题】

1. $[-1,2]$　**2.** $A=\{2\}$

1－4　集合的运算

【基础练习题】

1. $\{x|-2<x<3\}$　$\{x|-1<x<3\}$　**2.** $\{5,8\}$　$\{3,4,5,6,7,8\}$　**3.** {$x|x$ 是等腰直角三角形}　{$x|x$ 是斜三角形}　**4.** $\{(1,2)\}$　**5.** $\varnothing$　A　B　Z　Z　Z　**6.** $m=-3$　**7.** $a=-2$　**8.** $\{1\}$　**9.** C　**10.** $\{1,2,6,7,8\}$　$\{1,2,3,5,6\}$　$\{1,2,6\}$　$\{1,2,3,5,6,7,8\}$　$\{1,2,6\}$　$\{1,2,3,5,6,7,8\}$　**11.** $m=-3,n=7$　**12.** $a\geqslant 2$　**13.** {$x|x<0$ 或 $x\geqslant 4$}　**14.** $A\subseteq \complement_S B$　**15.** D　**16.** $a=2$　**17.** A　U　$\varnothing$　**18.** {$x|x\leqslant -2$ 或 $x\geqslant -1$}　**19.** $\{(1,1),(2,2)\}$　**20.** $a=-4$ 或 $2,b=3$　**21.** 7　**22.** {钝角三角形或者直角三角形}　**23.** $\{1,4\}$

【提高题】

$a=5$ 或 $a=-2$

1－5 充要条件

【基础练习题】

一、选择题

1. A **2.** C **3.** A **4.** 充要 必要 **5.** B **6.** A **7.** D **8.** B

二、填空题

1. 既不充分也不必要 **2.** $a<0$

【提高题】

充要条件

单元测试题

一、选择题

1. C **2.** B **3.** B **4.** D **5.** B **6.** C **7.** C **8.** B **9.** C **10.** D **11.** C **12.** B

二、填空题

13. $\{(1,-1)\}$ **14.** 1 **15.** $\{0,2,3,4,5\}$ **16.** $\{1,3,5,8\}$

三、解答题

17. (1) $a>\frac{9}{8}$ (2) $a=\frac{9}{8}$；$\frac{4}{3}$或 $a=0$；$\frac{2}{3}$ (3) $a\geqslant\frac{9}{8}$或 $a=0$ **18.** $p=-1,q=-6,r=5$

19. (1) $a=1$ 或$a\leqslant-1$ (2) $a=1$

2－1 不等式的基本性质

【基础练习题】

1. (1) $a+b\geqslant5$ (2) $m-n>10$ (3) $xy\geqslant6$ (4) $\frac{p}{q}\leqslant8$ (5) $(e+f)^2<5$ **2.** (1) $<$ (2) $>$ (3) $<$

3. (1) $<$ (2) $<$ (3) $(2x+1)-(3x-2)=3-x$，当 $x>3$ 时，$2x+1<3x-2$；当$x=3$ 时，$2x+1=3x-2$；当 $x<3$ 时，$2x+1>3x-2$ **4.** (1) $x>-5$ (2) $x<-2$ (3) $x\leqslant3$ (4) $1<x<3$ (5) $-2\leqslant x\leqslant2$

【提高题】

$\because(x+a)(x+b)-\left(x+\frac{a+b}{2}\right)^2$

$=[x^2+(a+b)x+ab]-\left[x^2+(a+b)x+\frac{(a+b)^2}{4}\right]$

$=ab-\frac{(a+b)^2}{4}=-\frac{a^2+b^2-2ab}{4}=-\frac{(a-b)^2}{4}\leqslant0$，

$\therefore(x+a)(x+b)\leqslant\left(x+\frac{a+b}{2}\right)^2$。

2－2 区间

【基础练习题】

1. (1) $[2,+\infty)$ (2) $(-\infty,-1]$ (3) $(2,10]$ (4) $[2,5)$ (5) $(2,3)$ (6) $[-2,1]$

2. (1) $\{x|x\leqslant3\}$ (2) $\{x|x\geqslant2\}$ (3) $\{x|1\leqslant x<8\}$ (4) $\{x|a<x\leqslant b\}$

3. (1) $x\geqslant3$，区间为：$[3,+\infty)$ (2) $x\leqslant-2$，区间为：$(-\infty,-2]$ (3) $-2<x\leqslant2$，区间为：$(-2,2]$ (4) $x<1$，区间为：$(-\infty,1)$ (5) $-8\leqslant x<5$，区间为：$[-8,5)$ (6) $-6\leqslant x\leqslant1$，区间为：$[-6,1]$

【提高题】

1. $(-\infty,3)\cup(3,+\infty)$ **2.** $(-\infty,1)\cup(1,10)\cup(10,+\infty)$

2－3 一元二次不等式

【基础练习题】

1. 解集是：$\{x|x>a$ 或 $x<b\}$，区间为：$(-\infty,b)\cup(a,+\infty)$

2. (1) 解集是：$\{x|x>2$ 或 $x<1\}$，区间为$(-\infty,1)\cup(2,+\infty)$

(2) 解集是：$\{x|-2\leqslant x\leqslant 3\}$，区间为$[-2,3]$

(3) 解集是：$\{x|x\geqslant -1+\sqrt{5}$或$x\leqslant -1-\sqrt{5}\}$，区间为$(-\infty,-1-\sqrt{5}]\cup[-1+\sqrt{5},+\infty)$

(4) 解集是：$\left\{x\left|\frac{5-\sqrt{5}}{2}<x<\frac{5+\sqrt{5}}{2}\right.\right\}$，区间为$\left(\frac{5-\sqrt{5}}{2},\frac{5+\sqrt{5}}{2}\right)$

3. (1) 解集是：$\mathbf{R}$，区间为$(-\infty,+\infty)$

(2) 解集是：$\{x|x\neq -2\}$，区间为$(-\infty,-2)\cup(-2,+\infty)$

(3) 解集是：$\varnothing$

(4) 解集是：$\{x|x=7\}$

4. (1) (2) 解集是：$\mathbf{R}$，区间为$(-\infty,+\infty)$

(3) (4) 解集是：$\varnothing$

5. (1) 当$x\geqslant 2$时，$3x-1\geqslant 2x+1$；当$x<2$时，$3x-1<2x+1$

(2) 当$x\geqslant -\frac{1}{4}$时，$2(x+1)^2\geqslant 2x^2+1$；当$x<-\frac{1}{4}$时，$2(x+1)^2<2x^2+1$

【提高题】

1. 解：$\Delta=[-(m+2)]^2-4\times 1\times 4\geqslant 0$　$\therefore m\geqslant 2, m\leqslant -6$

2. 解：$25x-y_c=25x-(3\,000+20x-0.1x^2)\geqslant 0, x\geqslant 150, x\leqslant -200$（舍去）　$\therefore x\geqslant 150$

2-4　含绝对值的不等式

【基础练习题】

1. $(-\infty,-8)\cup(8,+\infty)$　**2.** $[-1,1]$　**3.** $(-2,2)$　**4.** $\varnothing,\mathbf{R}$　**5.** $(-2,8)$　**6.** C　A　**7.** D

8.（答案可以用描述法表示，也可以用区间表示，图略）

(1) $\left[-\frac{3}{2},1\right]$　(2) $\left(\frac{3}{5},1\right)$　(3) $\left\{x\left|x\geqslant\frac{4}{3}\text{或}x\leqslant -2\right.\right\}$　(4) $\{x|x>3.01$或$x<2.99\}$

(5) $(-27,9)$　(6) $\{x|x>0$或$x<-1\}$　(7) $(-8,4)$

【提高题】

(1) $\{x|x\leqslant 0$或$x\geqslant 2\}$　(2) $\varnothing$　(3) $\left\{x\left|x<\frac{5-\sqrt{5}}{2}\text{或}x>\frac{5+\sqrt{5}}{2}\right.\right\}$

单元测试题

一、填空题

1. $x\geqslant 500$　**2.** $x>y$　**3.** (1) $>$　(2) $<$　(3) $>$　(4) $>$　(5) $>$　(6) $>$　**4.** $(-\infty,-1]\cup[2,+\infty)$

5. $\{x|x=10\}$　**6.** $(-\infty,-2)\cup(1,+\infty)$　**7.** $>$　**8.** $(-\infty,3]$　**9.** $\in\mathbf{R}$

二、选择题

10. A　**11.** B　**12.** A　**13.** C　**14.** B

三、解答题

15. 解集为：$\{x|x>-1\}$，区间为：$(-1,+\infty)$

16. 解集为：$\left\{x\left|x\geqslant 3\text{或}x\leqslant -\frac{5}{3}\right.\right\}$，区间为：$\left(-\infty,-\frac{5}{3}\right]\cup[3,+\infty)$

17. 解集为：$\{x|-3\leqslant x\leqslant 7\}$，区间为：$[-3,7]$

18. 解集为：$\{x|2<x<3\}$，区间为：$(2,3)$

19. 解集为：$\left\{x\left|x>2\text{或}x<-\frac{1}{2}\right.\right\}$，区间为：$\left(-\infty,-\frac{1}{2}\right)\cup(2,+\infty)$

20. 解集为：$\{x|x\in\mathbf{R}\}$，区间为：$(-\infty,+\infty)$

21. 解集为：$\left\{x\left|x\neq\frac{3}{2}\right.\right\}$，区间为：$\left(-\infty,\frac{3}{2}\right)\cup\left(\frac{3}{2},+\infty\right)$

3-1 函数的概念

【基础练习题】

1. B **2.** B **3.** (1) $\{x|x\geqslant 5$ 或 $x\leqslant -3$ 或 $x\neq -6\}$ (2) $\{x|x\geqslant 0\}$ (3) $\{x|-2\leqslant x\leqslant 2$ 且 $x\neq 0, x\neq \frac{1}{2}, x\neq 1\}$ **4.** C **5.** D **6.** D **7.** $[-1,1]$ $[4,9]$ **8.** $\left[0,\frac{5}{2}\right]$ $\left(-\infty,-\frac{1}{3}\right]\cup\left[\frac{1}{2},+\infty\right)$ **9.** $[-1,0)\cup(0,1]$ **10.** D

【提高题】

1. D **2.** B

3-2 函数的表示法

【基础练习题】

1. B **2.** 18 $-\sqrt{6}$或4 **3.** C **4.** A **5.** B **6.** 2 **7.** $\frac{1}{3}$ **8.** $f(x)=3x+\frac{4}{3}$ **9.** $f(x)=x^2-2x-3$ $f(2x+1)=4x^2-4$ **10.** $f(x)=x^2-2x-1$ **11.** C **12.** 1 1

【提高题】

(1) 如图：

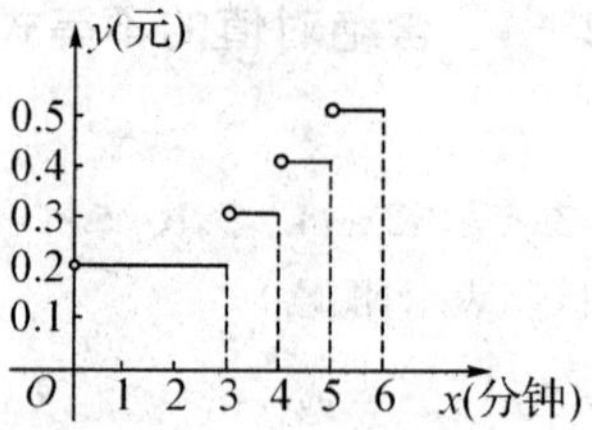

(2) 由(1)知，话费与时间 t 的关系是分段函数，当 $0<t\leqslant 3$ 时，话费为 0.2 元；当 $t>3$ 时，话费应为$[0.2+(t-3)\times 0.1]$元，

所以 $y=\begin{cases}0.2 & (0<t\leqslant 3)\\ 0.2+(t-3)\times 0.1 & (t>3)\end{cases}$

3-3 函数的单调性

【基础练习题】

1. A **2.** D **3.** D **4.** D **5.** B **6.** $[1,+\infty)$ $[-3,-1]$ **7.** $a<c<b$ **8.** 19

9. 设 $x_1<x_2<0$，有 $f(x_1)-f(x_2)=\left(1-\frac{1}{x_1}\right)-\left(1-\frac{1}{x_2}\right)=\frac{1}{x_2}-\frac{1}{x_1}=\frac{x_1-x_2}{x_1x_2}$

$\because x_1<x_2<0$，

$\therefore x_1-x_2<0, x_1x_2>0$，

$\therefore f(x_1)-f(x_2)<0$。

根据定义，可判断函数 $f(x)=1-\frac{1}{x}$ 在$(-\infty,0)$上是增函数。

10. 设 $1<x_1<x_2$，有

$f(x_1)-f(x_2)=\left(x_1+\frac{1}{x_1}\right)-\left(x_2+\frac{1}{x_2}\right)$

$=(x_1-x_2)+\left(\frac{1}{x_1}-\frac{1}{x_2}\right)=(x_1-x_2)+\left(\frac{x_2-x_1}{x_1x_2}\right)$

$=(x_1-x_2)\left(1-\frac{1}{x_1x_2}\right)$

$\because 1<x_1<x_2$，

$\therefore x_1-x_2<0, 1-\dfrac{1}{x_1x_2}>0$,

$\therefore f(x_1)-f(x_2)<0$。

根据定义，可判断函数 $y=x+\dfrac{1}{x}$ 在区间$[1,+\infty)$上是单调递增的。

【提高题】

根据题目所述，可得

$$\begin{cases} m^2-2m>0 \\ m>0 \\ m^2-2m<m \end{cases} \Rightarrow m\in(2,3)$$

3-4 函数的奇偶性

【基础练习题】

1. B **2.** C **3.** A **4.** D **5.** B **6.** C **7.** A **8.** 偶函数 **9.** -3

10. 函数 $f(x)=\dfrac{1}{x^2}-1$ 的定义域为$(-\infty,0)\cup(0,+\infty)$，关于原点对称。

$\because f(-x)=\dfrac{1}{(-x)^2}-1=\dfrac{1}{x^2}-1=f(x)$,

根据定义可以判定函数 $f(x)=\dfrac{1}{x^2}-1$ 是偶函数。

【提高题】

1. A **2.** $\dfrac{1}{3}$ 0

3-5 函数的应用

【基础练习题】

1. B **2.** A **3.** A **4.** 1 600 **5.** C

6. 解：如图，截面的一条边长为 x，对角线 $AC=d$，则另一边长为 $\sqrt{d^2-x^2}$，所以 $S=x\cdot\sqrt{d^2-x^2}$，定义域为$\{x\mid 0<x<d\}$

7. 解：设底面的另一边长为 z(m)，则根据题意有

$6xz=8\,000, z=\dfrac{4\,000}{3x}$

池壁造价为 $a\cdot(2x+2z)\cdot 6=12a\left(x+\dfrac{4\,000}{3x}\right)$

池底造价为 $2a\cdot\dfrac{8\,000}{6}=\dfrac{8\,000}{3}a$

$\therefore$总造价：$y=\left[12a\left(x+\dfrac{4\,000}{3x}\right)+\dfrac{8\,000}{3}a\right]$(元)

8. 解：作 $AC\perp CE, BD\perp CE$,

$\therefore$Rt$\triangle BDE$ 面积：$\dfrac{1}{2}h^2$，矩形面积：$2h$

$\therefore A=S_{矩}+2S_{Rt\triangle BDE}=2h+2\times\dfrac{1}{2}h^2=h^2+2h(m^2)$

9. 解：设商品售价定为 x 元时，利润为 y 元，则 $y=(x-8)[60-10(x-10)]=-10[(x-12)^2-16]=-10(x-12)^2+160(x>10)$，当且仅当 $x=12$ 时，y 有最大值 160 元，即售价定为 12 元时可获最大利润 160 元。

10. 设两家旅行社的原价为 $a(a>0)$，家庭孩子个数为 $x(x\in\mathbf{N}^*)$，甲、乙两家旅行社收费分别为 $f(x)$ 和 $g(x)$，

则 $f(x)=a+(x+1)\cdot\frac{a}{2}=\frac{a}{2}x+\frac{3}{2}a(x\in\mathbf{N}^*)$，

$g(x)=(x+2)\cdot\frac{2a}{3}=\frac{2a}{3}x+\frac{4a}{3}(x\in\mathbf{N}^*)$，

$g(x)\geqslant f(x)$，得 $\frac{a}{2}x+\frac{3a}{2}\leqslant\frac{2a}{3}x+\frac{4a}{3}$，$\therefore x\geqslant 1$。

因此，当家庭只有 1 个孩子时，两家随便选择，当孩子数多于 1 个时，应选择甲旅行社。

【提高题】

1. (1) 在 Excel 的工作表中输入数据，作出散点图，尝试用对数、指数模型来拟合，发现指数模型的 R 平方值最大，故指数模型最优，拟合模型为 $y=547.03e^{-0.4533t}$。若 $t=10$，则 $y=547.03e^{-0.4533t}\approx 6$(个)

(2) 由 $y=547.03e^{-0.4533t}<4$，解得 $t>10.84$(次)。故要使细菌数控制在 4 以下，那么至少应照 11 次。

2. 选用函数 $y=-0.8\times(0.5)^x+1.4$ 模拟较好，用函数拟合法

单元测试题

一、选择题

1. D 2. B 3. C 4. C 5. B 6. C 7. A 8. B 9. C 10. C

二、填空题

11. $[-1,2]$ $\left[0,\frac{3}{2}\right]$ 12. $\left(-\infty,\frac{1}{2}\right)$ 为单调减区间，$\left(\frac{1}{2},+\infty\right)$ 为单调增区间 13. 15 14. 184.50 元

三、解答题

15. $y=-\frac{12}{x}$ 16. $f(x)=\begin{cases}2 & x\leqslant 7\\3 & 8\leqslant x\leqslant 10\\4 & x>10\end{cases}$ 17. $a=-2$

期中测试题

一、选择题

1. A 2. A 3. C 4. C 5. D 6. B 7. B 8. C 9. C 10. C

二、填空题

11. 0 或 2 12. $\frac{10}{3}$ 13. $f(7)=145$ $f(-1)=-1$ 14. $y=-x^2+\frac{a}{2}x$ $0<x<\frac{a}{2}$ 15. $f(b)$ $f(a)$

16. $[2,11]$

三、解答题

17. 解：$x^2-5x+6=0$ $ax-6=0$

$(x-2)(x-3)=0$ $x=\frac{6}{a}$

$x_1=2, x_2=3$

$\therefore A=\{2,3\}, B=\left\{\frac{6}{a}\right\}$

$\because A\cup B=A$

$\therefore B\subseteq A$

(1) $B=\{2\}, B=\{3\}$ 时，$a_1=3, a_2=2$

(2) $B=\varnothing$ 时，$a=0$

$\therefore C=\{0,2,3\}$

18. $\because$ 一次函数为 $f(x)=kx+b$

$\therefore f[f(x)]=kf(x)+b$

$=k(kx+b)+b=k^2x+kb+b$

又∵$f[f(x)]=9x+3$

∴$\begin{cases}k^2=9\\kb+b=3\end{cases}\Rightarrow\begin{cases}k_1=3\\b_1=\frac{3}{4}\end{cases},\begin{cases}k_2=-3\\b_2=-\frac{3}{2}\end{cases}$

∴$f(x)=3x+\frac{3}{4}$或$f(x)=-3x-\frac{3}{2}$

19. (1) $\frac{1}{2}$，$\{x|x<0且x\neq-1\}$ (2) $\{x|-3\leqslant x\leqslant 1\}$，$\{y|0\leqslant y\leqslant 2\}$

20. 设x_1，x_2在$[0,+\infty)$上且$x_1<x_2$

∴$f(x_1)-f(x_2)=\frac{k}{1+x_1^2}-\frac{k}{1+x_2^2}=\frac{k(1+x_2^2)-k(1+x_1^2)}{(1+x_1^2)(1+x_2^2)}$

$=\frac{k(x_2^2-x_1^2)}{(1+x_1^2)(1+x_2^2)}=\frac{k(x_2+x_1)(x_2-x_1)}{(1+x_1^2)(1+x_2^2)}$

∵x_1，$x_2\in[0,+\infty)$，

∴$x_2>x_1>0$，

∴$(1+x_2^2)(1+x_1^2)>0$，$(x_2+x_1)>0$

又∵$x_1<x_2$，∴$x_2-x_1>0$

∴$f(x_1)-f(x_2)=\frac{k(x_1+x_2)(x_2-x_1)}{(1+x_1^2)(1+x_2^2)}>0$

当$k>0$时，$f(x_1)-f(x_2)>0$，即$f(x_1)>f(x_2)$，

所以$f(x)=\frac{k}{1+x^2}$在$[0,+\infty)$上为单调递减；

当$k<0$时，$f(x_1)-f(x_2)<0$，即$f(x_1)<f(x_2)$，所以$f(x)=\frac{k}{1+x^2}$在$[0,+\infty)$上为单调递增

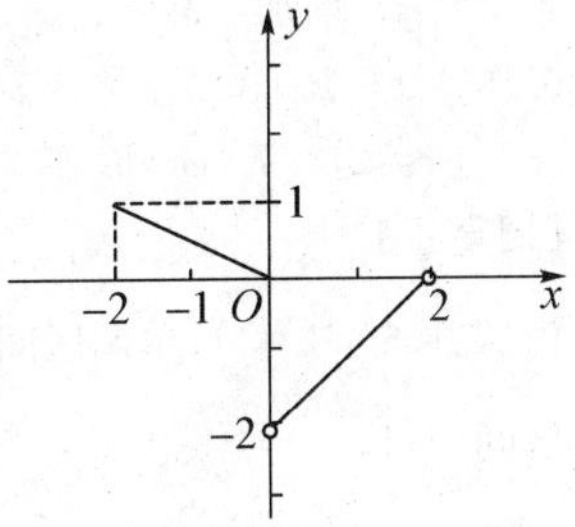

四、选做题

(1) 当$-2\leqslant x\leqslant 0$时，设函数解析式为$y=kx$，由图可知过点$(-2,1)$，∴$k=-\frac{1}{2}$，故$y=-\frac{1}{2}x$。

当$0<x<2$时，设函数解析式为$y=kx+b$，由图可知过点$(0,-2)$、$(2,0)$，∴$k=1$，$b=-2$，故$y=x-2$。

故所求的函数解析式为$f(x)=\begin{cases}-\frac{1}{2}x,-2\leqslant x\leqslant 0\\x-2,0<x<2\end{cases}$

(2) $y=f^{-1}(x)=\begin{cases}-2x,0\leqslant x\leqslant 1\\x+2,-2<x<0\end{cases}$

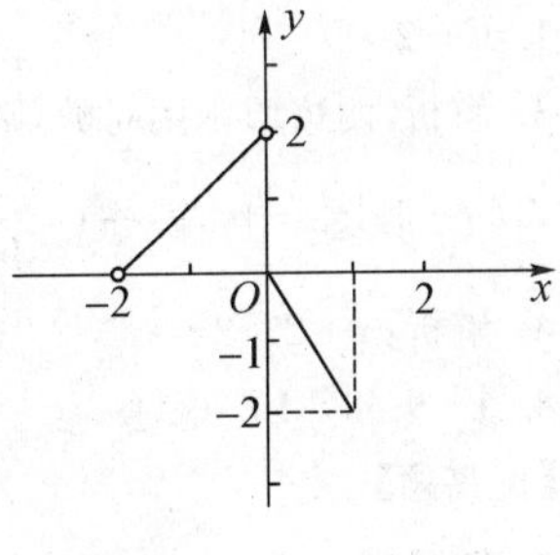

4－1 实数指数幂

【基础练习题】

1. 9 -27 1 $\frac{1}{3}$ 1 **2.** $\sqrt[5]{5^2}$ $\frac{1}{\sqrt[3]{0.064^4}}$ $\sqrt[3]{(-27)^2}$ $\sqrt[3]{p^5}$ **3.** $a^{\frac{3}{5}}$ $a^{-\frac{6}{5}}$ **4.** 27 $\frac{1}{9}$ $\frac{1}{5}$ $\frac{11}{3}$ $\frac{7}{3}$ 1 0.1 **5.** 18 $11\frac{1}{8}$ $4\sqrt[3]{4}$ $\frac{1}{b}\sqrt[12]{ab^8}$

【提高题】

2^8

4－2 幂函数

【基础练习题】

1. **R**,**R**　$(-\infty,0)\cup(0,+\infty)$　$(-\infty,0)\cup(0,+\infty)$　**R**,$[0,+\infty)$　$(-\infty,0)\cup(0,+\infty)$,$(0,+\infty)$　**2.** $[0,+\infty)$　**3.** $<$　$>$　$>$　**4.** $\frac{x}{64}$　**5.** 如右图　**6.** $x\geqslant0$ 且 $x\neq2$　**7.** (1) 错　(2) 对　(3) 错　**8.** A　**9.** A

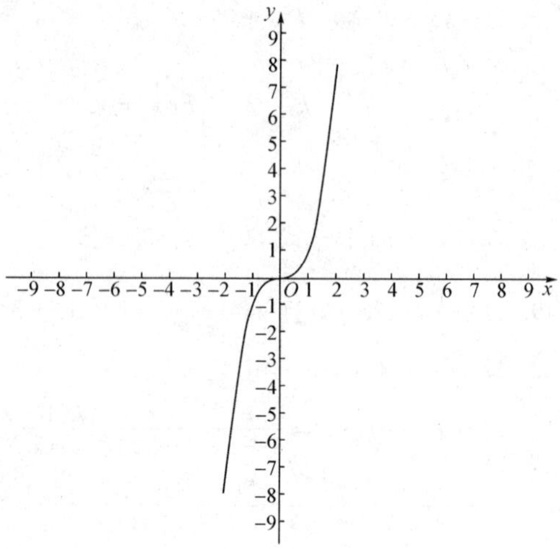

(第5题)

【提高题】

(1) $y=x^3$ 的定义域为 **R**,是奇函数,在定义域上单调递增;

(2) $y=x^{\frac{1}{2}}=\sqrt{x}$,定义域为$[0,+\infty)$,它是非奇非偶函数,在定义域上单调递增;

(3) $y=x^{-2}=\frac{1}{x^2}$,定义域为$(-\infty,0)\cup(0,+\infty)$,是偶函数,在$(-\infty,0)$上单调递增,在$(0,+\infty)$上单调递减。

4－3 指数函数

【基础练习题】

1. 2^6　**2.** 增加　**3.** $<$　$<$　$<$　$=$　**4.** 如右图　**5.** B　**6.** (1) $x\in\mathbf{R}$　(2) $x\neq-3$　(3) $x\geqslant-2$　(4) $\{x|x\geqslant-1且x\neq2\}$　**7.** B　**8.** C　**9.** (1) 2　(2) 6　(3) 18

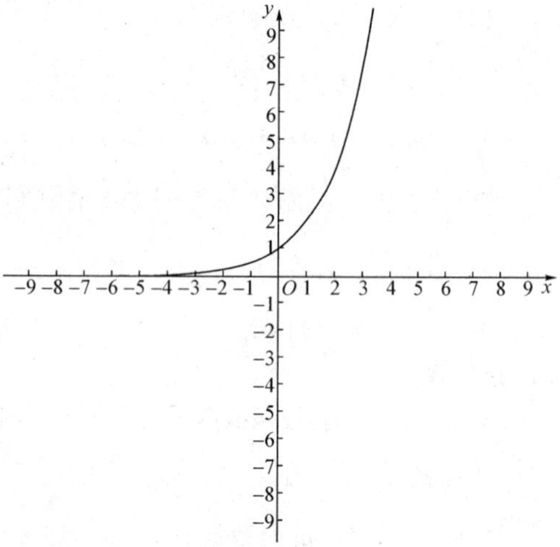

(第4题)

【提高题】

值域:$\left[\frac{1}{4},+\infty\right)$;单调区间:递减区间$(-\infty,-1]$,递增区间$[-1,+\infty)$

4－4 对数的概念

【基础练习题】

1. C　**2.** D

3. 解析:两边取常用对数,则 $\lg2^{x-1}=\lg10=1$

$\therefore(x-1)\lg2=1,\therefore x-1=\frac{1}{\lg2},\therefore x=1+\frac{1}{\lg2}$

4. 解析:$x+2>2^2\Rightarrow x>2$　**5.** $2\sqrt{2}$　**6.** 12　**7.** $c<a<b$

8. 1　**9.** 3　**10.** ②④

【提高题】

1. 解:$\because 3^a=5^b=\sqrt{15}$,两边取以$\sqrt{15}$为底的对数,得 $a\log_{\sqrt{15}}3=b\log_{\sqrt{15}}5=1$,

$\therefore\frac{1}{a}=\log_{\sqrt{15}}3,\frac{1}{b}=\log_{\sqrt{15}}5$,

$\therefore\frac{1}{a}+\frac{1}{b}=\log_{\sqrt{15}}3+\log_{\sqrt{15}}5=2$

2. 解:$\because\log_3 10=a,\therefore a=\frac{1}{\lg3}$。

$\because\log_6 25=b=\frac{2\lg5}{\lg2+\lg3}=\frac{2-2\lg2}{\lg2+\lg3}=\frac{2-2\lg2}{\lg2+\frac{1}{a}}$,

$\therefore \lg 2=\dfrac{2a-b}{a(b+2)}$，

$\therefore \log_4 45=\dfrac{\lg 45}{\lg 4}=\dfrac{2\lg 3+\lg 5}{2\lg 2}=\dfrac{2\lg 3+1-\lg 2}{2\lg 2}=$

$\dfrac{\dfrac{2}{a}+1-\dfrac{2a-b}{a(b+2)}}{2\times\dfrac{2a-b}{a(b+2)}}=\dfrac{3b+ab+4}{4a-2b}$

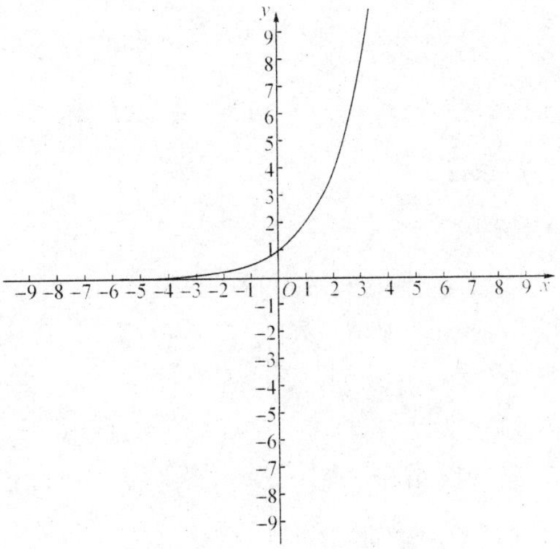

4－5　对数的运算

【基础练习题】

1. B　解析：原式$=(\lg 5)^2+\lg 2\times(\lg 5+1)=(\lg 5)^2+\lg 2\cdot \lg 5+\lg 2=\lg 5(\lg 5+\lg 2)+\lg 2=\lg 5+\lg 2=1$

2. A

3. C　解析：由题意得 $x=64, y=16, z=9$　$\therefore x+y+z=89$

4. C　解析：由题意知，$\log_3(\log_2 x)=1$，

$\therefore \log_2 x=3, \therefore x=2^3=8, \therefore x^{-\frac{1}{2}}=8^{-\frac{1}{2}}=\dfrac{\sqrt{2}}{4}$

5. D

6. 解析：$2\log_5 10+\log_5 0.25=\log_5 10^2+\log_5 0.25=\log_5 25=2$

7. 6　**8.** $\dfrac{1}{4}$　**9.** 1　**10.** $\dfrac{3}{4}$　**11.** 1　**12.** ④　**13.** ①④

【提高题】

1. (1) 1　(2) $a=1, b=\dfrac{4}{3}, c=\dfrac{5}{3}$

2. 解：$\because f(x)=x^2-x+b$，

$\therefore f(\log_2 a)=(\log_2 a)^2-\log_2 a+b$

由已知得 $f(\log_2 a)=(\log_2 a)^2-\log_2 a+b=b$，

$\therefore \log_2 a(\log_2 a-1)=0$。

$\because a\neq 1, \therefore \log_2 a=1, \therefore a=2$。

又$\because \log_2 f(a)=2, \therefore f(a)=4, \therefore a^2-a+b=4$，

$\therefore b=4-a^2+a=2$，

$\therefore f(x)=x^2-x+2$。

$\therefore f(\log_2 x)=(\log_2 x)^2-\log_2 x+2=\left(\log_2 x-\dfrac{1}{2}\right)^2+\dfrac{7}{4}$。

$\therefore$当 $\log_2 x=\dfrac{1}{2}$，即 $x=\sqrt{2}$时，$f(\log_2 x)$有最小值$\dfrac{7}{4}$。

4－6　对数函数

【基础练习题】

1. D　**2.** D　**3.** B　**4.** A

5. 解析：$\begin{cases}3x-2>0\\ \log_{\frac{1}{2}}(3x-2)\geqslant 0\end{cases}\Rightarrow 0<3x-2\leqslant 1\Rightarrow 2<3x\leqslant 3\Rightarrow \dfrac{2}{3}<x\leqslant 1$

6. 解：令 $t=4x-x^2=-(x-2)^2+4\in(0,4]$，

$\because$函数 $y=\log_{0.5} t$ 在定义域上是减函数，

$\therefore y\in[-2,+\infty)$

7. ax^2+3x+a 恒大于等于 0，$\therefore q-4a^2\leqslant 0$，$\therefore a^2\geqslant\frac{9}{4}$，$a\leqslant-\frac{3}{2}$ 或 $a\geqslant\frac{3}{2}$

8. $\left[2,\frac{5}{2}\right]$ **9.** $x=0$ **10.** $-\frac{3}{2}$ **11.** 19

【提高题】

1. 解析：$\because x\in\left(\frac{1}{\mathrm{e}},1\right)$，

$\therefore \ln x\in(-1,0)$，$b=2\ln x=\ln x^2$。

又 $y=\ln x$ 是增函数，$x^2<x$，$\therefore b<a$。

$\because c-a=\ln^3 x-\ln x=\ln x(\ln^2 x-1)>0$，

$\therefore c>a$，$\therefore b<a<c$

2. 解：(1) 由题意得$\frac{1-x}{1+x}>0$，得函数 $f(x)$的定义域为$(-1,1)$

(2) $f(x)$为奇函数

证明：因为函数的定义域关于原点对称，

且 $f(-x)=\log_a\frac{1+x}{1-x}=\log_a\left(\frac{1-x}{1+x}\right)^{-1}=-\log_a\frac{1-x}{1+x}=-f(x)$，

所以 $f(x)$为奇函数。

(3) 当 $a>1$ 时，由对数函数的单调性可知$\frac{1-x}{1+x}>1$，而$-1<x<1$，解得$-1<x<0$；

当 $0<a<1$ 时，由对数函数的单调性可知$\frac{1-x}{1+x}<1$，而$-1<x<1$，解得 $0<x<1$。

综上所述，当 $a>1$ 时，x 的取值范围为$(-1,0)$；

当 $0<a<1$ 时，x 的取值范围为$(0,1)$。

4－7 利用计算器求对数值

【基础练习题】

1. C 解析：由题意得 $0<a<1$，$b<0$，$c>1$ **2.** B **3.** D(利用计算器求) **4.** B

5. 解：$\because x\log_3 4=1$，$\therefore x=\log_4 3$。

则 $4^x+4^{-x}=4^{\log_4 3}+4^{-\log_4 3}=3+\frac{1}{3}=\frac{10}{3}$

6. 解析：由题意知

方程 $\lg^2 x-(1+\lg 5)\lg x+\lg 5=0$ 的两根为 α,β，

故 $\lg\alpha+\lg\beta=1+\lg 5$，即 $\lg\alpha\beta=\lg 50$，

故 $\alpha\beta=50$

7. 解析：$\because y=a^x$ 与 $y=\log_a(x+1)$具有相同的单调性，

$\therefore f(x)=a^x+\log_a(x+1)$在$[0,1]$上单调，

$\therefore f(0)+f(1)=a$，即 $a^0+\log_a 1+a^1+\log_a 2=a$，

化简得 $1+\log_a 2=0$，解得 $a=\frac{1}{2}$

8. $\frac{19}{6}$ **9.** 2

10. 如图，由函数 $y=2^x$，$y=\left(\frac{1}{2}\right)^x$，$y=\log_2 x$，$y=\log_{\frac{1}{2}} x$ 的图象知：$0<a<b<1<c$ $\therefore a<b<c$

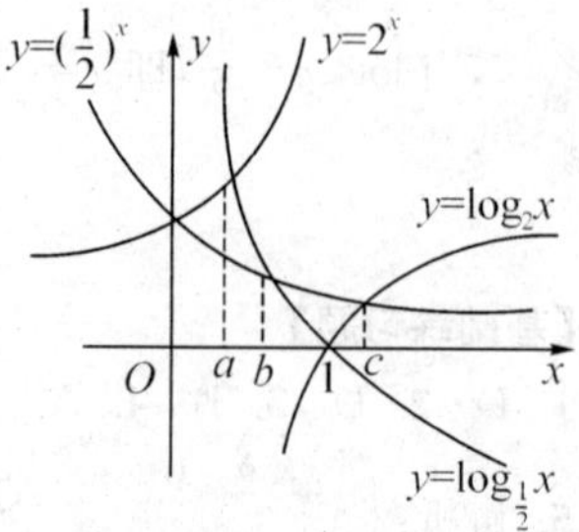

(第 10 题)

【提高题】

1. 由题意得：

$\log_3 x\cdot\log_x 2x\cdot\log_{2x}y=\log_3 x\cdot\frac{\log_3 2x}{\log_3 x}\cdot\frac{\log_3 y}{\log_3 2x}=\log_3 y=\log_3 x+\log_3(x-1)=\log_3(x^2-x)$ $\therefore y=x^2-x$

$\because 3^y=\frac{1}{9}\cdot 9^y$ 即 $3^y=3^{-2}\cdot 3^{2x}$，$\therefore y=2x-2$，

$\therefore y=x^2-x=2x-2$，解得 $x=2$ 或 $x=1$。

$\because x-1>0$，$\therefore x>1$，$\therefore$ 取 $x=2$。$\therefore y=2$。

2. 解析：$\because f(x)$为奇函数，

$\therefore f(0)=0$，$\therefore a=-1$，$\therefore f(x)=\lg\frac{1+x}{1-x}$。

由 $f(x)<0$ 得 $0<\frac{x+1}{1-x}<1$，

解得 $-1<x<0$，故 x 的取值范围是$(-1,0)$。

$\therefore(-1,0)$

3. 解：①若 $a>0$，则由 $f(a)>f(-a)$得

$\log_2 a>\log_{\frac{1}{2}}a$，即 $\log_2 a>0$，$\therefore a>1$

②若 $a<0$，则由 $f(a)>f(-a)$得

$\log_{\frac{1}{2}}(-a)>\log_2(-a)$，即$-\log_2(-a)>\log_2(-a)$，

$\therefore \log_2(-a)<0$，$\therefore 0<-a<1$，即$-1<a<0$

综上可得$-1<a<0$ 或 $a>1$，

故实数 a 的取值范围是$(-1,0)\cup(1,+\infty)$。

4－8 指数、对数函数的应用

1. $13.7\times(1+0.011)^3$ 2. $44.7\times(1+0.08)^5$ 3. $1\,000\times(1+0.04)^3$ 4. 5 个月 5. 27.5% 6. 2 次

7. 日租金提高到 40 元时，客房租金总收入最高，达到 8 000 元

8. (1) $P(x)=-20x^2+2\,500x-4\,000$ $MP(x)=2\,480-40x$ (2) 不具有相同的最大值($P(x)$的最大值为 74 125 元，$MP(x)$的最大值为 2 440 元)

5－1 角的概念推广

【基础练习题】

1. 四 $\beta=k\cdot 360°+(-50°)$，$k\in\mathbf{Z}$ 2. 280° 320° 3. Ⅰ、Ⅱ、Ⅲ或Ⅳ 4. $-1\,485°=-5\times 360°+315°$ 5. A

6. D 7. × 8. √ 9. (1) Ⅱ (2) Ⅰ 10. (1) 290° (2) 150° (3) 280°

11. (1) $\{\alpha|\alpha=k\cdot 360°+330°,k\in\mathbf{Z}\}$ (2) $\{\alpha|\alpha=k\cdot 360°+300°,k\in\mathbf{Z}\}$

12. (1) $-120°=-1\cdot 360°+240°$，Ⅲ (2) $1\,100°=3\cdot 360°+20°$，Ⅰ (3) $-520°=-2\cdot 360°+200°$，Ⅲ

13. 时针：$-90°$ 分针：$-360°\times 3=-1\,080°$

【提高题】

1. $\{\alpha|\alpha=k\cdot 360°+270°$ 或 $\alpha=k\cdot 360°-45°\}$

2. $\{\theta|30°+k\cdot 360°<\theta<45°+k\cdot 360°\}$

5－2 弧度制

【基础练习题】

1. $-\frac{15\pi}{9}$，$-\frac{5\pi}{36}$ 2. $\frac{2\pi}{3}$ 30 3. $3\pi\ \text{cm}^2$ 4. D 5. A 6. A

7. (1) $\frac{\pi}{6}$ (2) $\frac{23}{72}\pi$ (3) $\frac{3}{4}\pi$ (4) $-\frac{3}{2}\pi$

8. (1) $45°$ (2) $-630°$ (3) $300°$ (4) $-180°$

9. $\frac{\pi}{6},\frac{\pi}{4},\frac{7}{12}\pi$ **10.** (1) $\frac{23}{3}\pi=6\pi+\frac{5}{3}\pi$,Ⅳ (2) $-\frac{23}{3}\pi=-8\pi+\frac{\pi}{3}$,Ⅰ

11. $4\ \text{cm}^2$ **12.** $20\pi\ \text{cm}$

13. (1) $\{\alpha|\alpha=2k\pi,k\in\mathbf{Z}\}$

(2) $\left\{\alpha|\alpha=2k\pi+\frac{3\pi}{2},k\in\mathbf{Z}\right\}$

(3) $\left\{\alpha|2k\pi+\frac{\pi}{2}<\alpha<2k\pi+\pi,k\in\mathbf{Z}\right\}$

(4) $\left\{\alpha|2k\pi+\frac{3\pi}{2}<\alpha<2k\pi+2\pi,k\in\mathbf{Z}\right\}$

【提高题】

$720°/7$ $900°/7$

5－3 任意角的三角函数

【基础练习题】

1. $<$ $<$ $<$ **2.** $-\sqrt{5}$ **3.** $\frac{2}{5}\sqrt{5}$ $-\frac{\sqrt{5}}{5}$ -2 **4.** 一或三 **5.** $\pm\frac{1}{2},\frac{\sqrt{3}}{3}$ **6.** B **7.** A **8.** B

9. B **10.** $\frac{\sqrt{3}}{2},\frac{1}{2},\sqrt{3}$ **11.** (1) $\frac{\sqrt{2}}{2},-\frac{\sqrt{2}}{2},-1$ (2) $-\frac{1}{2},\frac{\sqrt{3}}{2},-\frac{\sqrt{3}}{3}$ **12.** $-\frac{2}{5}$

13. (1) 负 (2) 正 (3) 负

【提高题】

1. $\because x=4a,y=-3a,\therefore r=5|a|$,于是:

当 $a>0$ 时,$2\sin\alpha+\cos\alpha=2\cdot\frac{-3}{5}+\frac{4}{5}=-\frac{2}{5}$;

当 $a<0$ 时,$2\sin\alpha+\cos\alpha=2\cdot\frac{3}{5}+\frac{-4}{5}=\frac{2}{5}$。

2. 若角 α 的终边过点 $P(4,3)$,则 $2\sin\alpha+\cos\alpha=2\cdot\frac{3}{5}+\frac{4}{5}=2$;

若角 α 的终边过点 $P(-4,3)$,则 $2\sin\alpha+\cos\alpha=2\cdot\frac{3}{5}+\frac{-4}{5}=\frac{2}{5}$;

若角 α 的终边过点 $P(-4,-3)$,则 $2\sin\alpha+\cos\alpha=2\cdot\frac{-3}{5}+\frac{-4}{5}=-2$;

若角 α 的终边过点 $P(4,-3)$,则 $2\sin\alpha+\cos\alpha=2\cdot\frac{-3}{5}+\frac{4}{5}=-\frac{2}{5}$

5－4 同角三角函数的基本关系式

【基础练习题】

1. C **2.** $\frac{5}{12}$ **3.** $-\frac{5}{12}$ **4.** B **5.** $-\frac{1}{2}$

6. $\sin130°$ $\sqrt{1-\sin^2 140°}=\sqrt{\cos^2 140°}=|\cos140°|=\cos40°$

7. $\cos\alpha$ **8.** $\frac{1}{4}$ **9.** B

10. 解:由 $\cos\alpha=\frac{3}{5}$ 得:

$$\sin\alpha\tan\alpha=\sin\alpha\frac{\sin\alpha}{\cos\alpha}=\frac{\sin^2\alpha}{\cos\alpha}=\frac{1-\cos^2\alpha}{\cos\alpha}=\frac{1-\left(\frac{3}{5}\right)^2}{\frac{3}{5}}=\frac{16}{15}$$

【提高题】

解：将 $\sin\alpha=3\cos\alpha$ 代入 $\cos^2\alpha+2\sin\alpha\cos\alpha$

得 $\cos^2\alpha+2\sin\alpha\cos\alpha=7\cos^2\alpha$

由 $\sin\alpha=3\cos\alpha$ 得 $\tan\alpha=3$

所以 $\cos^2\alpha+2\sin\alpha\cos\alpha=7\cos^2\alpha=\frac{7}{\sec^2\alpha}=\frac{7}{1+\tan^2\alpha}=\frac{7}{1+3^2}=\frac{7}{10}$

5－5　三角函数的诱导公式

【基础练习题】

1. (1) $\frac{\sqrt{2}}{2}$　(2) $\frac{\sqrt{3}}{2}$　(3) $-\frac{\sqrt{3}}{2}$　(4) -1　(5) $\frac{\sqrt{3}}{2}$　(6) $-\frac{\sqrt{3}}{2}$　(7) $-\frac{\sqrt{2}}{2}$　(8) $-\sqrt{3}$

(9) $-\frac{\sqrt{2}}{2}$　(10) $-\frac{\sqrt{3}}{2}$　(11) 1　(12) $\sin\left(-\frac{4}{5}\pi\right)=-\sin\left(\frac{4}{5}\pi\right)=-\sin\left(\frac{1}{5}\pi\right)\approx-0.588$

(13) $\cos\frac{11}{6}\pi=\cos\left(2\pi-\frac{\pi}{6}\right)=\cos\left(-\frac{\pi}{6}\right)=\frac{\sqrt{3}}{2}$

(14) $\tan\frac{17}{4}\pi=\tan\left(4\pi+\frac{1}{4}\pi\right)=\tan\left(\frac{1}{4}\pi\right)=1$

(15) $-\frac{3\sqrt{2}}{2}$

2. (1) -5　(2) 1

3. 解：$\frac{-\cos(2\pi+\alpha)+\cos(-\alpha)-\tan(\pi+\alpha)}{\tan(2\pi+\alpha)-\cos(-\alpha)-\cos(\pi-\alpha)}=\frac{-\cos\alpha+\cos\alpha-\tan\alpha}{\tan\alpha-\cos\alpha+\cos\alpha}=-1$

4. 解：(1) $\because f(-x)=1+\sin(-x)=1-\sin x\neq f(x)$

$f(-x)=1+\sin(-x)=1-\sin x\neq -f(x)$

$\therefore f(x)=1+\sin x$ 是非奇非偶函数

(2) $\because f(-x)=-x+\sin(-x)=-x-\sin x=-(x+\sin x)=-f(x)$

$\therefore f(x)=x+\sin x$ 是奇函数

【提高题】

(1) 2　(2) 1

5－6　正弦函数的图象与性质

【基础练习题】

1. -2　2π　$2k\pi$　**2.** 1　4　2π　**3.** C　**4.** 单调递减　**5.** B　**6.** C　**7.** A

8. 解：(1) $\because -\frac{\pi}{2}<-\frac{\pi}{4}<\frac{\pi}{5}<\frac{\pi}{2}$　而 $\sin x$ 在 $\left(-\frac{\pi}{2},\frac{\pi}{2}\right)$ 内是单调递增函数，

所以有 $\sin\left(-\frac{\pi}{4}\right)<\sin\left(\frac{\pi}{5}\right)$

(2) $\because \frac{\pi}{2}<\frac{5\pi}{9}<\frac{7\pi}{6}<\frac{3\pi}{2}$　而 $\sin x$ 在 $\left(\frac{\pi}{2},\frac{3\pi}{2}\right)$ 内是单调递减函数，

所以有 $\sin\left(\frac{5\pi}{9}\right)>\sin\left(\frac{7\pi}{6}\right)$

(3) $\sin\left(-\frac{1}{9}\pi\right)>\sin\left(-\frac{1}{3}\pi\right)$

【提高题】

(1) 列表如下：

x	0	$\frac{\pi}{2}$	π	$\frac{3\pi}{2}$	2π
$\sin x$	0	1	0	-1	0
$y=3+\sin x$	3	4	3	2	3

画图为：

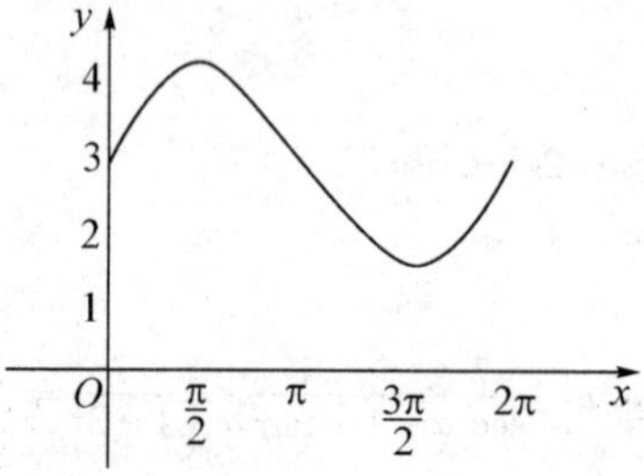

(2) 列表如下：

x	0	$\frac{\pi}{2}$	π	$\frac{3\pi}{2}$	2π
$\sin x$	0	1	0	-1	0
$y=2\sin x$	0	2	0	-2	0

画图为：

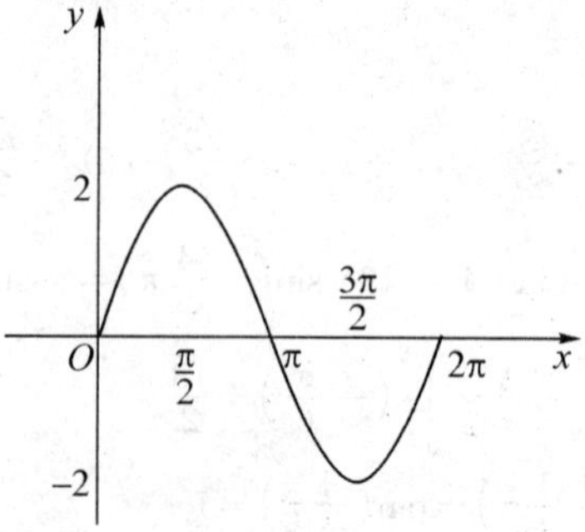

5－7 余弦函数的图象与性质

【基础练习题】

1. 2π -2 $[-2,2]$ **2.** 4 2 **3.** B **4.** 单调递增 **5.** A **6.** 2π **7.** B

【提高题】

1. (1) 列表如下：

x	0	$\frac{\pi}{2}$	π	$\frac{3\pi}{2}$	2π
$\cos x$	1	0	-1	0	1
$y=2+\cos x$	3	2	1	2	3

画图为：

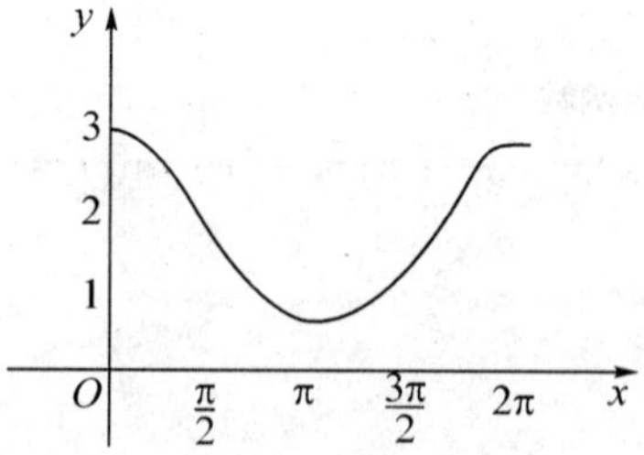

(2) 列表如下：

x	0	$\frac{\pi}{2}$	π	$\frac{3\pi}{2}$	2π
$\cos x$	1	0	-1	0	1
$y=2\cos x$	2	0	-2	0	2

画图为：

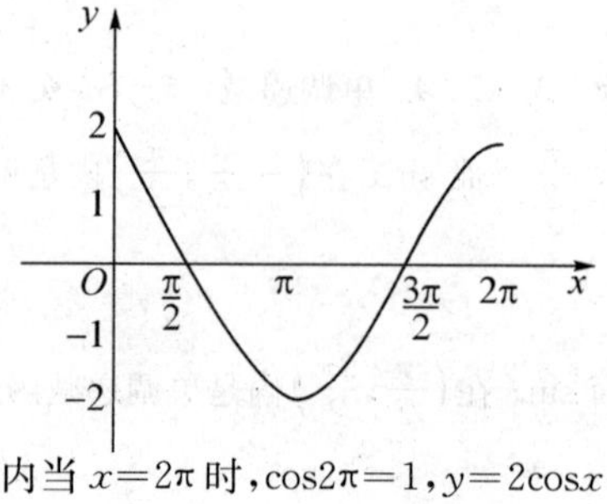

2. 解：由题意知 $y=2\cos x$ 在 $\left[\frac{\pi}{2},\frac{5\pi}{2}\right]$ 内当 $x=2\pi$ 时，$\cos 2\pi=1$，$y=2\cos x=2\cos 2\pi=2$，此时 $y=2\cos x$ 取得最大值，且最大值是 2

5-8 已知三角函数值求角

【基础练习题】

1. $\frac{\pi}{3}$ **2.** $\frac{\pi}{3}$或$\frac{4\pi}{3}$ **3.** 5.924 5 **4.** $\frac{\pi}{4}$或$\frac{3\pi}{4}$ **5.** $\frac{\pi}{4}$或$\frac{5\pi}{4}$ **6.** $\frac{\pi}{6}$或$\frac{5\pi}{6}$ **7.** C **8.** A **9.** B

10. D **11.** C **12.** D

13. 解：因为 $\tan\alpha=-\frac{\sqrt{3}}{3}$，$\alpha\in\left(-\frac{\pi}{2},\frac{\pi}{2}\right)$，所以 α 在第四象限，所以 $\alpha=-\frac{\pi}{6}$

14. 解：由 $\sin\alpha=0.58$，$\alpha\in(0,2\pi)$

利用计算器求得 $\alpha=0.618\ 7$ 或 $\alpha=2.522\ 9$（精确到 0.000 1）

15. 解：由 $\cos\alpha=\frac{3}{5}$，$\alpha\in(0,2\pi)$，

利用计算器求得 $\alpha=0.927\ 3$ 或 $\alpha=5.355\ 9$（精确到 0.000 1）

【提高题】

追击的方向为北偏东 60°，追击的速度为 50 海里/小时。

单元测试题

一、选择题

1. B **2.** C **3.** D **4.** B **5.** A **6.** D **7.** C **8.** A

二、填空题

9. $\frac{4}{5},-\frac{3}{5},-\frac{4}{3}$ **10.** $-2\leqslant a\leqslant 2$ **11.** $\left[\frac{3}{2}\pi,2\pi\right]$ **12.** $\frac{\pi}{2}$，2

三、计算题

13. 解：(1) $\frac{\cos\alpha+\sin\alpha}{\cos\alpha-\sin\alpha}=\frac{1+\tan\alpha}{1-\tan\alpha}=\frac{1+\sqrt{2}}{1-\sqrt{2}}=-(3+2\sqrt{2})$

(2) $\sin^2\alpha-\sin\alpha\cos\alpha+2\cos^2\alpha=\frac{\sin^2\alpha-\sin\alpha\cos\alpha+2\cos^2\alpha}{1}$

$=\frac{\tan^2\alpha-\tan\alpha+2}{\frac{1}{\cos^2\alpha}}=\frac{\tan^2\alpha-\tan\alpha+2}{\sec^2\alpha}=\frac{\tan^2\alpha-\tan\alpha+2}{1+\tan^2\alpha}$

$=\frac{(\sqrt{2})^2-\sqrt{2}+2}{1+(\sqrt{2})^2}=\frac{4-\sqrt{2}}{3}$

14. 解：$\because\alpha\in\left(\frac{3}{2}\pi,2\pi\right)$，$\therefore\cos\alpha>0$。又$\because\sin\alpha=-\frac{5}{13}$，$\therefore\cos\alpha=\frac{12}{13}$

15. 解：$\sin 915°+\cos(-225°)-\sin 1\ 065°=-\sin 15°+\cos 225°+\sin 15°=-\cos 45°=-\frac{\sqrt{2}}{2}$

16. 解：利用计算器得：

(1) $\sin 42°23'=0.674\ 1$

(2) $\cos 6\ 678°=-0.951\ 1$

(3) $\tan(-3\ 569°)=0.600\ 9$

期末测试题

一、选择题

1. D **2.** D **3.** B **4.** A **5.** A **6.** B **7.** D **8.** B **9.** C **10.** B

二、填空题

11. 5 $2a+3$ $4a+9$ **12.** $(-\infty,1)\cup(1,+\infty)$ **13.** 2 **14.** $\{-2,0,4\}$ **15.** 2

三、解答题

16. $\because L=2R+\alpha R, S=\frac{1}{2}\alpha R^2$

$\therefore \alpha=\frac{2S}{R^2}$

$\therefore L=2R+\frac{2S}{R}\Rightarrow 2R^2-LR+2S=0$

$\Delta=L^2-16S\geqslant 0\Rightarrow S\leqslant\frac{L^2}{16}$

故当 $\alpha=2, R=\frac{L}{4}$ 时，$S_{\max}=\frac{L^2}{16}$

17. 由题易得 $A=\{x|-2<x<3\}, B=\{x|x<-4$ 或 $x>2\}$

$A\cap B=\{x|2<x<3\}, C=\{x|(x-3a)(x-a)<0\}$

$\because A\cap B\subseteq C, \therefore a>0$ 且 $C=\{x|a<x<3a\}$

$\therefore\begin{cases}3a\geqslant 3\\2\geqslant a\\a>0\end{cases}$，解得 $1\leqslant a\leqslant 2$，$\therefore a$ 的取值范围是 $1\leqslant a\leqslant 2$

18. 由题意可得 $-3\leqslant\log_{\frac{1}{2}}x\leqslant-\frac{1}{2}$，$\therefore\frac{1}{2}\leqslant\log_2 x\leqslant 3$

又 $\because y=\left(\log_2\frac{x}{2}\right)\left(\log_2\frac{x}{4}\right)=(\log_2 x-1)(\log_2 x-2)$

$=(\log_2 x)^2-3\log_2 x+2=\left(\log_2 x-\frac{3}{2}\right)^2-\frac{1}{4}$

$\therefore$ 当 $\log_2 x=\frac{3}{2}$ 时，$y_{\min}=-\frac{1}{4}$，当 $\log_2 x=3$ 时，$y_{\max}=2$

即当 $x=2\sqrt{2}$ 时，$y_{\min}=-\frac{1}{4}$，当 $x=8$ 时，$y_{\max}=2$

19. (1) 当 $x\in(-1,0)$ 时，$-x\in(0,1)$，则 $f(-x)=\frac{2^{-x}}{1+4^{-x}}=\frac{2^x}{1+4^x}$

又 $\because f(x)$ 在 $(-1,1)$ 上为奇函数，$\therefore f(-x)=-f(x)$

$\therefore f(x)=-\frac{2^x}{1+4^x}(x\in(-1,0))$。

又 $\because f(0)=0$，

$\therefore f(x)=\begin{cases}\frac{2^x}{1+4^x}, & x\in(0,1)\\0, & x=0\\-\frac{2^x}{1+4^x}, & x\in(-1,0)\end{cases}$

(2) 设 $0<x_1<x_2<1$，

则 $f(x_1)-f(x_2)=\frac{(2^{x_2}-2^{x_1})(2^{x_1+x_2}-1)}{(1+4^{x_2})(1+4^{x_1})}$，$\because x_1<x_2$，$\therefore 2^{x_2}>2^{x_1}$，即 $2^{x_2}-2^{x_1}>0$

又 $x_1+x_2>0$，$\therefore 2^{x_1+x_2}>2^0=1$，即 $2^{x_1+x_2}-1>0$，$\therefore f(x_1)-f(x_2)>0$，

即 $f(x_1)>f(x_2)$，$\therefore f(x)$ 在 $(0,1)$ 上单调递减

又 $f(x)$ 为奇函数，$\therefore f(x)$ 在 $(-1,0)$ 上也单调递减